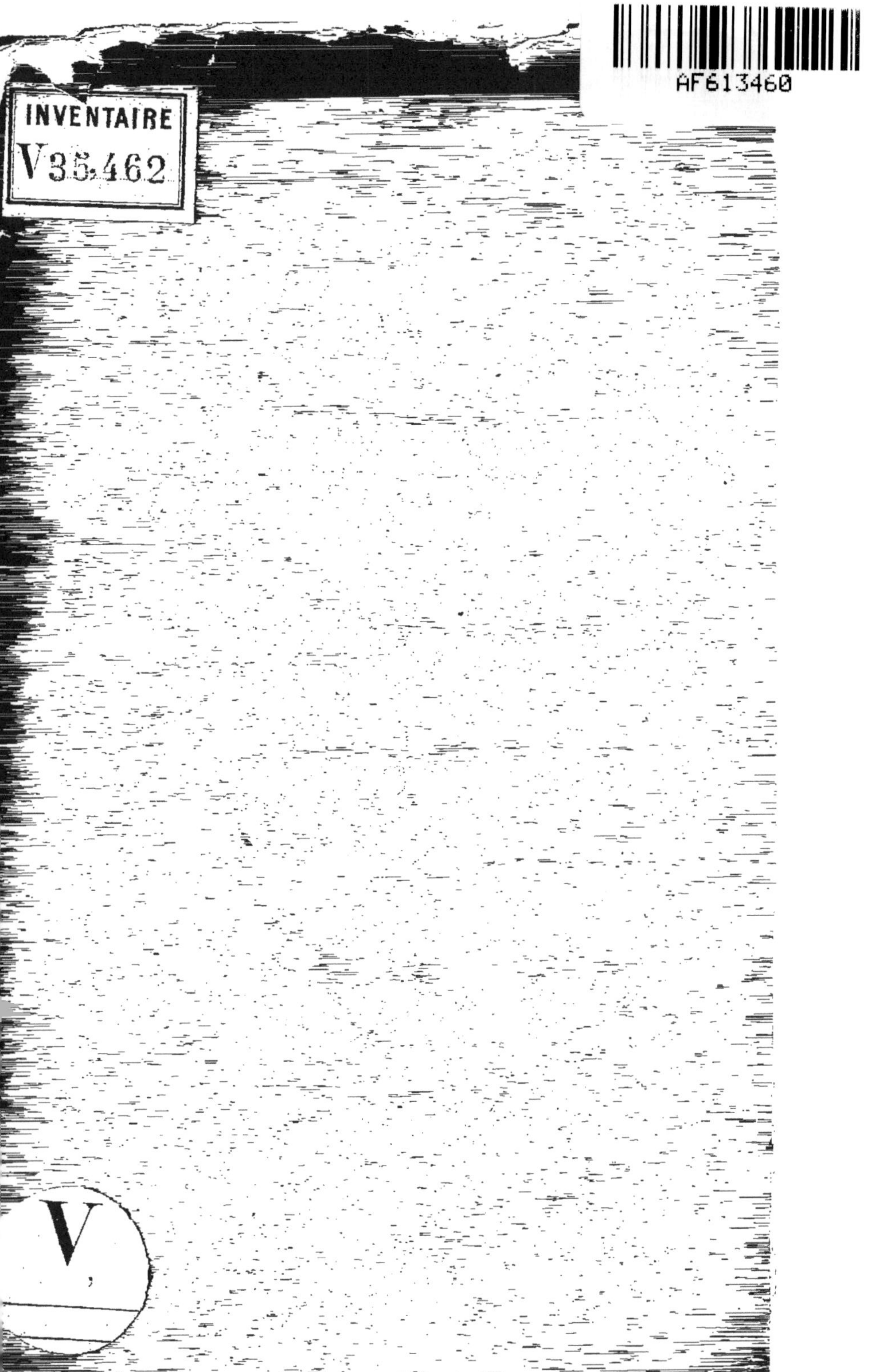

RECUEIL

DE

1200 PROBLÈMES D'ARITHMÉTIQUE.

Tout exemplaire du présent ouvrage qui ne portera pas la signature de l'auteur, sera réputé contrefait, et les contrefacteurs poursuivis.

OUVRAGES DU MÊME AUTEUR :

L'**Arithmétique simplifiée**, par demandes et par réponses, suivie d'un petit traité sur les mesures des surfaces et des solidités des corps (1 vol. in-12).

La **Grammaire simplifiée**, par demandes et par réponses (1 vol in-12).

La **Géographie simplifiée**, par demandes et par réponses (1 vol. in-12).

LYON. — IMPRIMERIE D'ANTOINE PERISSE.

RECUEIL

DE

1200 PROBLÈMES D'ARITHMÉTIQUE

MIS EN RAPPORT AVEC NOTRE ARITHMÉTIQUE SIMPLIFIÉE ET RÉDIGÉ SPÉCIALEMENT POUR LES ÉLÈVES DES ÉCOLES PRIMAIRES.

Par L. COTON, professeur.

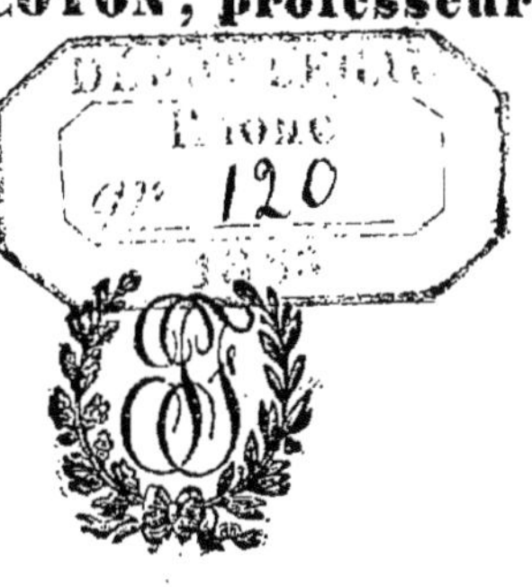

PÉRISSE FRÈRES, LIBRAIRES-ÉDITEURS,

LYON	PARIS
Ancienne Maison	Nouvelle Maison
GRANDE RUE MERCIÈRE, 33,	RUE SAINT-SULPICE, 38,
ET RUE CENTRALE, 68.	ANGLE DE LA PLACE.

1853

RECUEIL

DE

1200 PROBLÈMES D'ARITMÉTIQUE.

Exercices sur la Numération.

1. Nommez les douze premiers ordres d'unités.
2. Quel est le nom des unités du 2me et du 8me ordre?
3. De quel ordre d'unités sont les centaines de mille et les dizaines de million ?
4. Quel est le nom des unités des 4 premières classes ?
5. De quelle classe sont les millions, les trillions ?
6. Nommez l'unité du second ordre de la 4me classe.
7. Combien faut-il de centaines pour faire un mille ?
8. Combien faut-il de dizaines de mille pour faire un million ?
9. Combien faut-il d'unités de mille, de centaines et de dizaines pour faire 58,230 unités ?
10. Combien une dizaine de million vaut-elle de centaines d'unités ?
11. Combien vaut d'unités chaque chiffre du nombre 60,945 ?
12. Quelle est la valeur du chiffre 4 placé au rang des dizaines demille ?
13. Combien le chiffre 5 placé aux centaines de millions vaut-ilde dizaines de mille ?
14. Quel est le nombre qui contient 5 dizaines de mille, 3 centaines et 8 unités ?
15. Combien le nombre 8405 contient-il d'unités de mille, de centaines, de dizaines et d'unités ?
16. Décomposez le nombre 6108 en ses mille, ses centaines, ses dizaines et ses unités.
17. Quel rang occupent les dizaines de million ?
18. Quelle espèce d'unité représente un chiffre qui occupe le 7me rang ?
19. Enseigner en 1er lieu aux élèves, à nommer tous les

nombres depuis 1 jusqu'à 100. Lisez et écrivez ensuite en toutes lettres les nombres suivants :

20.	117	27.	60,916
21.	150	28.	311,111
22.	270	29.	1,000,000
23.	380	30.	6,510,999
24.	990	31.	36,000,120
25.	1190	32.	780,100,000
26.	3008	33.	1,018,008,444

34. Enseigner aux élèves à écrire en chiffres tous les nombres depuis 1 jusqu'à 100.
35. Ecrivez cent soixante-sept unités.
36. Cent soixante-dix unités.
37. Mille cent onze unités.
38. Trente mille soixante-quatorze unités.
39. Six cent mille quatre-vingt-quinze unités.
40. Deux millions vingt mille quatre-vingt-dix unités.
41. Treize millions quatre-vingt-dix-huit unités.
42. Trois billions onze cent onze unités.
43. Cinquante billions quatorze cents unités.

Exercices sur l'addition des nombres entiers.

44. Additionnez les nombres suivants après les avoir écrits en chiffres. Cinquante-deux unités, + soixante-dix-huit, + sept cent onze, + mille cent onze, + dix-huit cent cinquante-trois.

45. On demande le total de douze cent quatre-vingts unités, + trois mille neuf, + soixante-et-dix mille six unités, + quatre-vingt-quinze mille cent huit unités, + seize cent seize unités, + mille six cent seize unités.

46. Faites la somme de quatre-vingt-cinq mille quarante unités, + dix-sept mille sept, + cent, + quarante millions cent soixante-dix-huit, + huit mille neuf cent sept, + six millions quarante-cinq unités.

47. Additionnez les nombres suivants : quinze cent quatre-vingt-dix-neuf unités, + huit millions, + six cent mille six cents unités, + quarante millions deux cent mille quatre-ving-dix-sept.

48. On demande la somme des nombres : cent millions deux cent mille unités, + mille neuf cents, + trente-six billions quatre-vingt-dix mille, + un trillion vingt-mille cent dix-neuf, + soixante-et-quatorze billions.

Autres exercices sur l'addition des nombres entiers.

49. Additionnez 59 + 87 + 60 + 199 + 708.
50. 89 + 8 + 10 + 109 + 47 + 1098 + 147.
51. 90 + 597 + 2087 + 30006 + 29786.
52. 827 + 917 + 888 + 47067 + 6790.
53. 1128 + 3048 + 20049 + 57049 + 308.
54. 678 + 1509 + 99876 + 570 + 976.
55. 56100 + 7080 + 1297 + 677 + 9789.
56. 1309 + 15897 + 6789 + 8657 + 32789.
57. 9437 + 4567 + 8765 + 45428 + 75978.
58. 8709 + 98654 + 10907 + 4287 + 1297.
59. 4967 + 5678 + 97801 + 84539 + 786.
60. 8170 + 2009 + 41108 + 9750 + 318.
61. 678 + 69 + 187 + 3099 + 497 + 78687.
62. 367 + 1098 + 369 + 9478 + 785569 + 38.
63. 294 + 8095 + 12940 + 15009 + 780790.
64. 78780 + 91098 + 12498 + 7890 + 91654.
65. 16289 + 6787 + 6880 + 8782 + 89407.
66. 49804 + 8901 + 3096 + 6789 + 4598 + 95.
67. 78012 + 8765 + 98 + 750 + 14098 + 76.
68. 12964 + 8654 + 896 + 13496 + 689.
69. 949 + 87 + 67 + 158 + 960 + 82765.

Exercices sur la soustraction des nombres entiers.

70. De 594 ôtez 354.
71. De 5940 ôtez 5210.
72. De 13949 ôtez 8327.
73. De 409040 ôtez 9787.
74. De 120019 ôtez 87890.
75. De 34900121 ôtez 564.
76. De 200000000 ôtez 4029784.
77. De 32011604 ôtez 6290786.
78. De 13911276 ôtez 13699790.
79. De 21049190 ôtez 14087679.
80. De 46200123 ôtez 6970087.
81. De 3431276 ôtez 72496.
82. De 1002430 ôtez 675002
83. De 12104110 ôtez 680017
84. De 4101234 ôtez 410978
85. De 2003971 ôtez 190658

Exercices sur la multiplication des nombres entiers (1).

86. Multipl. 402 par 2
87. 315 par 3
88. 560 par 4
89. 1267 par 5
90. 2410 par 6
91. 3020 par 7
92. 7542 par 8
93. 6201 par 9
94. 7908 par 11
95. 94670 par 12
96. 9008 par 13
97. 1986 par 15
98. 6243 par 20
99. 16267 par 60
100. 98170 par 800
101. 13965 par 170
102. 9800 par 890
103. 8710 par 7600
104. 16504 par 204.
105. 70019 par 3009
106. 207381 par 1088
107. 241900 par 4990
108, 3741069 par 4870
109. 8727698 par 98700
110. 9865700 par 76899
111. 5200987 par 89001
112. 980100 par 47000
113. 4300407 par 700608
114. 690800 par 456007
115. 90708 par 96007
116. 70469 par 908708
117. 3700845 par 48040
118. 809095 par 4600936

Exercices sur la division des nombres entiers.

119. Combien le nombre 6 contient-il de fois 2 ?
120. Combien le nombre 12 contient-il de fois 3 ?
121. Combien le nombre 14 contient-il de fois 4 ?
122. En 27 combien y est-il de fois 5 ?
123. En 46 combien y est-il de fois 6 ?
124. En 65 combien y est-il de fois 7 ?
125. En 49 combien y est-il de fois 8 ?
126. En 80 combien y est-il de fois 9 ?
127. Divisez 14 par 2
128. 36 par 2
129. 63 par 3
130. 142 par 3
131. 296 par 4
132. 304 par 4
133. 1295 par 5
134. 1190 par 5
135. 913005 par 6
136. 144041 par 6
137. 146405 par 7
138. 22330 par 7
139. 320056 par 8
140. 112400 par 8
141. 360072 par 9
142. 4506 par 9
143. 4262 par 30
144. 7263 par 50

(1) Avant de faire la multiplication, il faut que les élèves sachent bien leur livret par cœur.

145. 12680 par 600
146. 90008 par 700
147. Prenez la moitié de 42096
148. la moitié de 120167
149. le tiers de 402171
150. le tiers de 612781
151. le quart de 87264
152. le quart de 100167
153. le 5me de 210175
154. le 6me de 260000
155. le 7me de 172601
156. le 8me de 810230
157. le 9me de 165380
158. Divisez 28970 par 12
159. 48780 par 15
160. 8624 par 32
161. 58040 par 83
162. 964321 par 216
163. 11911016 par 106
164. 121287375 par 495
165. 103161709 par 219661
166. 96071912 par 209764
167. 63521199 par 139201
168. 58863869 par 15321
169. 61162984 par 394
170. 51895117 par 373
171. 55306341 par 381
172. 42875000 par 350
173. 35611289 par 329
174. 117649000 par 489
175. 122023936 par 496
176. 110592000 par 480
177. 105154048 par 472
178. 108531333 par 477
179. 122763473 par 497

Exercices sur la numération des nombres décimaux.

180. Nommez le nom de chaque décimale depuis le dixième jusqu'au billionième.
181. Combien faut-il de centièmes pour faire une unité ?
182. Réduisez une unité en millièmes.
183. Combien un dixième vaut-il de millièmes ?
184. Réduisez un centième en cent-millièmes.
185. Combien 6 centièmes valent-ils de millionièmes ?
186. Combien faut-il de centièmes pour faire une dizaine d'unité ?
187. Convertissez 4 centièmes en billionièmes.
188. Réduisez 5 dizaines d'unité en centièmes.
189. Combien faut-il de millièmes pour faire une centaine d'unité ?
190. Combien faut-il de dix-millièmes pour faire un dixième?
191. De quelle partie décimale le centième est-il la dizaine?
192. Qu'est-ce qu'un cent-millième relativement à un centième ?
193. Qu'est-ce qu'un dixième par rapport à une dizaine ?
194. A quel rang, à partir de l'unité, se placent les dix-millièmes ?
195. Si un chiffre occupe le 5me rang à droite de la virgule, quelle décimale représente-t-il ?

196. Quel rang occupent les centièmes après la virgule décimale ?

197. Quel rang occupent les cent-millièmes après la virgule décimale ?

198. Quelle espèce de décimale représente le dernier chiffre à droite, d'un nombre qui a 5 chiffres décimaux ?

Lisez les nombres :

199. 4,5
200. 642,05
201. 40,005
202. 642,0120
203. 0,0012506
204. 0,4209801
205. 64,0012467
206. 0,2000904
207. 0,3428796
208. 0,0430009
209. 9,10134578
210. 0,123456789

Ecrivez :

211. 6 unités 4 dixièmes
212. 46 unités 40 centièmes.
213. 80 unités 9 centièmes.
214. 1 unité 69 centièmes.
215. 5 dixièmes 9 millièmes.
216. 30 centièmes 14 dix-millièmes.
217. 804 millièmes.
218. 39010 cent-millièmes.
219. 927 billionièmes.
220. 1040 dix-billionièmes.
221. 69 millièmes 8 billionièmes.
222. 156 dix-millièmes 19 cent-billionièmes.

Exercices sur l'addition des nombres décimaux.

223. Ecrivez et additionnez les nombres suivants : 50 unités 25 centièmes, + 4 dixièmes 95 millièmes, + 6 unités 908 millièmes, + 9 centièmes, + 340 centièmes, + 8 dix-millièmes.

224. Faites le total des nombres : 56 dix-millièmes, + 308 unités 8 cent millièmes, + 19 dix-millièmes, + 5 unités 46 millionièmes, + 138 cent-millionièmes, + 67 billionièmes.

225. On demande la somme des nombres : 9 unités 204 dix-millièmes, + 9 cent-millièmes, + 54 unités 3060 dix-millionièmes, + 2 unités 85 dix-millièmes, + 30147 millionièmes, + 4097 millièmes, + 65 centièmes, + 16 unités 40 millièmes.

226. Additionnez les nombres suivants : 145209 dix-millièmes, + 6 unités 1450 billionièmes, + 6712 dix-millionièmes, + 305 dixièmes, + 19 millièmes, + 349 cent-millièmes.

Exercices sur la soustraction des nombres décimaux.

227. De 147,80 ôtez 69
228. de 120,8 ôtez 38,08
229. de 107,84 ôtez 40,4
230. de 19,05 ôtez 8,008

231. de 61, ôtez 6,905
232. de 0,4 ôtez 0,049
233. de 0,52 ôtez 0,0197
234. de 9,421 ôtez 9,39.
235. de 0,921 ôtez 0,12987
236. de 4,001 ôtez 0,9876

Exercices sur la multiplication et la division des nombres par l'unité suivie d'un ou de plusieurs zéros.

237. Multip. 43 par 10
238. 90 par 100
239. 19 par 1000
240. 132 par 10000
241. 314 par 100000
242. 216 par 1000000
243. 5,4 par 10
244. 561,43 par 100
245. 46,0811 par 1000
246. 5,05 par 10000
247. 34,6789 par 100000

divisez 146 par 10
248. 8406 par 100
249. 560 par 1000
250. 39 par 10000
251. 163,04 par 100
252. 194,6 par 1000
253. 0,64 par 10000
254. 0,02 par 100000
255. 0,43 par 1 million.
256. 9,12 par 10 millions.
257. 0,04 par 100 millions.
258. 0,01 par 1 billion.

Exercices sur la multiplication des nombres décimaux.

259. Multipliez 96,78 par 9
260. 365 par 8,5
261. 8707,9 par 9,75
262. 9,4 par 0,046
263. 4,960 par 3,9478
264. 0,007 par 0,0029
265. 0,0098 par 0,0478
266. 0,897 par 9,46
267. 0,04871 par 0,8176
268. 0,0479 par 0,0088

Exercices sur la division des nombres décimaux.

269. Divisez 4,6 par 3
270. 246,84 par 4 (1)
271. 9,842 par 50
272. 16,050 par 80
273. 10 par 200
274. 3 par 4800
275. 0,1876 par 32
276. 0,0048 par 12
277. 0,04 par 800
278. 0,0001 par 16000
279. 9,40 par 6,4
280. 0,1048 par 1,28
281. 0,840 par 0,12
282. 1 par 0,50
283. 0,18 par 0,06
284. 0,01 par 0,005

(1) Poussez la division des 17 problèmes suivants jusqu'à ce qu'elle se fasse sans reste.

285.	0,03 par 0,03		289.	0,30 par 0,0589	
286.	0,05 par 0,00025		290.	0,004 par 0,00078	
287.	0,40 par 0,008 (1)		291.	0,1 par 0,569	
288.	0,01 par 0,048		292.	0,2 par 0,005	

Problèmes divers sur les 4 premières règles et sur les nombres décimaux.

293. Un négociant doit les trois sommes suivantes : la 1re est de 9808 fr., la 2me de 6709 fr., et la 3me de 459 fr. : combien doit-il en tout ?

294. Un particulier a payé 640 fr., plus 578 fr., plus 28 fr., et il doit encore 558 fr. : combien devait-il en tout ?

295. L'Europe renferme 270 millions d'habitants ; l'Asie 555 millions ; l'Afrique 100 millions ; l'Amérique 60 millions, et l'Océanie 15 millions : quelle est la population de la terre ?

296. Le département de la Seine renferme 1299570 habitants ; celui du Nord, 1036786, celui de la Seine Inférieure, 739628 : combien ces trois départements réunissent-ils d'habitants ?

297. Une pépinière renferme 670 cerisiers, 561 pommiers, 189 poiriers et 355 pêchers : combien cette pépinière renferme-t-elle d'arbres ?

298. Une personne est née en 1809 : à quelle époque aura-t-elle 89 ans ?

299. Une marchandise coûte 6897 fr. : combien faut-il la vendre pour y gagner 958 fr. ?

300. Un ouvrier a gagné 580 fr., un 2me 379 fr., un 3me autant que les deux premiers : quelle somme totale ont gagnée les trois ouvriers ?

301. Une personne est née en 1719, et elle est morte à l'âge de 97 ans : en quelle année est-elle morte ?

302. Le nombre des naissances en France a été en 1829, de 986709 ; en 1830, de 967824, et en 1831, de 986709 : combien est-il né d'enfants pendant ces trois années ?

303. Un régiment est composé de trois bataillons dont le 1er compte 986 hommes, le 2me 967, et le 3me 897 : quel est l'effectif de ce régiment ?

304. La différence qui existe entre deux nombres est 618, et le plus petit de ces deux nombres est 927 : quel est le plus grand ?

(1) Poussez la division des 5 problèmes suivants jusqu'aux centièmes et négligez le reste.

305. On a retranché 946,08 d'un certain nombre et l'on a eu 790,8 : quel est-ce nombre ?

306. Trouver la différence de 150000 à 87875.

307. Quel est l'excès de 56120 sur 6875 ?

308. Une personne doit la somme de 5809 fr., sur laquelle elle paie 4769 fr. : combien doit-elle encore ?

309. Combien faut-il ajouter à 1819 fr., 50 c. pour avoir 9187 fr. 879 ?

310. De deux nombres, le plus grand est 4111, et leur différence 3917 : quel est le plus petit de ces deux nombres ?

311. Je dois 5120 f. ; j'ai 197 fr., 50 c., et un de mes amis me donne 89 f. : combien me manque-t-il encore pour payer ma dette ?

312. J'avais 617 f. 55, et j'ai dépensé 487 f., 60 c. : combien me reste-t-il ?

313. Dans 45 ans j'aurai 73 ans : quel est mon âge ?

314. Quelle somme faut-il ajouter à 675 f., 50 c. pour avoir 10 mille fr. ?

315. J'ai acheté une maison 50000 fr. ; je la revends 46987 fr. : combien ai-je perdu ?

316. Un père et son fils ont ensemble 100 ans ; le fils a 36 ans : quel est l'âge du père ?

317. Quel nombre faut-il ajouter à 1999 pour avoir 2000, 50 c. ?

318. Napoléon est né en 1769, et il est mort en 1821 : combien a-t-il vécu d'années ?

319. De combien 8,050 surpasse-t-il 7,986 ?

320. J'ai 35 ans ; dans combien d'années en aurai-je 54 ?

321. Quel est le nombre qui, ayant été retranché de 1801,2, a donné 659,87 pour reste ?

322. Un père laissa à ses trois enfants, 30000 f. ; l'aîné eut 12000 f., et le cadet, 9900 fr. : quelle fut la part du plus jeune ?

323. Combien faut-il ajouter à 1620 pour avoir 2001,50 ?

324. Combien faut-il retrancher de 6 pour avoir 0,9780 ?

325. 5 paniers de poires en contiennent chacun 10 douzaines et demie : combien y a-t-il de poires dans les 6 paniers ?

326. Combien l'Equateur a-t-il de lieues, sachant qu'il a 360 degrés, et que chaque degré vaut 25 lieues ?

327. Combien y a-t-il de millièmes dans 37 centaines d'unités ?

328. Combien y a-t-il de minutes qu'Adam est créé en datant son existence de 5857 ans ?

329. Quel est le produit de 67,87 par 79,86?
330. Faites le produit des facteurs 56 unités 50 et 87.
331. Quel est le produit de 2 × 3 × 4 × 5 × 6 × 7 × 8 × 9?
332. Combien coûtent 485 mèt. à 28 fr., 60 c. le mètre?
333. Quel est le nombre qui = 679,86 × 859,75.
334. Quel est le nombre dont le quart = 0,65 × 0,089?
335. De combien 9 × 8,70 surpasse-t-il 4,876 × 0,9?
336. Le diviseur d'une division est 6,57 et le quotient 6,57 quel est le dividende?
337. Quel est le dividende d'une division dont le diviseur est 777, le quotient 777 et le reste de la division 776.
338. Un kilogramme d'or vaut 3128 fr. : combien vaut un lingot d'or qui pèse 19 kil.?
339. Quel est le prix de 985 mèt., 56 à 29 fr. le mètre?
340. Un entrepreneur emploie 89 ouvriers à 2,50 l'un : Combien leur donne-t-il par jour?
341. Combien y a-t-il de minutes dans une année de 365 jours, sachant que le jour est de 24 heures, et l'heure de 60 minutes?
342. La somme de deux nombres est 4,208; le 5ᵐᵉ de l'un de ces nombres est 0,089 : quel est l'autre?
343. Combien y a-t-il de lettres dans un livre de 987 pages, si chaque page renferme 987 lettres?
344. Un boulanger a fourni à son cordonnier 289 kilog. de pain à 0 f., 43 c. le kil.; celui-ci a fait à son boulanger 4 paires de souliers à 8 fr. la paire, et 3 paires à 6 f., 50 c. : combien le cordonnier doit-il encore payer au boulanger.
345. On a payé 800 f. pour la vitrerie de 48 croisées de chacune 8 carreaux : à combien revient le carreau?
346. Un négociant vend 68 mèt. de drap à 11 fr. le mèt.; on lui donne en paiement 4 douzaines de chapeaux à 7 f. 25 c. pièce : combien lui doit-on encore?
347. Un mèt. d'ouvrage coûte 28 fr. 50. quel est le prix de 97 mèt.?
348. Quel est la valeur de six pièces de drap contenant chacune 70 mèt. à 18 fr. 50 le mèt.?
349. Un bourgeois dépense 6 fr., 65 par jour : combien dépense-t-il par an?
350. On emploie deux ouvriers pendant 38 jours; le 1ᵉʳ gagne 2 f., 50 c. par jour, et le second, 3 fr. : quel est leur gain total pendant les 38 jours?
351. Combien coûteront 18 douzaines d'oranges à 1 f., 30 la douzaine?

352. Combien payera-t-on pour la façon de 17 douzaines de chemises à 1 f., 75 c. la chemise?

353. Combien ont gagné 28 ouvriers travaillant pendant cinq semaines à raison de 2 f., 75 c. par jour?

354. Combien deux ouvriers ont-ils gagné pendant 3 mois de travail à 3 f., 50 c. par jour chacun? (Le mois est de 26 jours ouvrables, et la semaine de 6).

355. Combien y a-t-il de secondes dans 13 ans 6 jours, 3 heures 45 minutes?

356. Combien un enfant de 10 ans a-t-il de jours, de minutes et de secondes?

357. Un homme est mort à l'âge de 100 ans: combien a-t-il vécu de secondes?

358. Combien y a-t-il de feuilles de papier dans 30 rames, sachant que la rame contient 20 mains et la main 25 feuilles?

359. Combien coûte le 100 de plumes à 0 f., 025 la plume? Combien coûtent 36 paquets de chacun 25 plumes, à 0 f., 025 la plume?

360. Une personne respire 22 fois par minute: combien respire-t-elle de fois dans 50 ans?

361. 46 ouvriers ont mis 98 jours pour faire un ouvrage: combien un ouvrier mettrait-il de jours pour faire le même ouvrage?

362. Combien un ouvrier mettra-t-il de jours de 12 heures de travail pour faire 500 mèt. d'ouvrage, sachant que 400 ouvriers ont employé 18 heures pour faire le même ouvrage?

363. Quel est le nombre qui est égal à 56 fois la dixième partie de 0,49?

364. On a payé 56 fr. pour la façon de 3 douzaines et demie de chemises: à combien revient la façon d'une chemise?

365. On a payé 700 fr. pour 25 milliers de plumes: à combien revient la plume?

366. Quel est le quotient, à un centième près, de 365 divisé par 12 × 0,65?

367. Combien 6 × 8 × 9 × 7 valent-ils de fois 85,9 × 7?

368. Partagez 855 en 13 parties égales.

369. Combien le nombre 0,987 est-il contenu de fois dans 5 unités?

370 Quel est le nombre qui étant multiplié par 6,4 donne 1 au produit?

371. Le produit de deux nombres est 4,55, l'un de ces nombres est 77: quel est l'autre?

372. Le nombre 0,64 est le quotient de 12; quel est le diviseur?

373. 85 mèt. de drap ont coûté 1000 fr. : quel est le prix du mètre ?

374. J'ai acheté pour 1200 fr. de mètres d'étoffe à 24 fr. le mètre : combien ai-je acheté de mètres ?

375. Si un kilogr. de marchandise coûte 3 f. 60 c., combien en aura-t-on pour 50 fr. ?

376. Cent mèt. ont coûté 1525 f. : combien a-t-on payé le mètre ?

377. Combien a-t-on acheté de mètres d'étoffe pour 5265 fr. sachant que chaque mètre a été payé 10 fr. ?

378. En 85 jours j'ai gagné 297 f., 50 c.; combien ai-je gagné par jour ?

379. Quel est le quart de 125201 f. 50 c. ?

380. Quel est le 9me de 167,004 ?

381. Un livre renferme 43450 lignes : combien y a-t-il de pages à raison de 35 lignes par page ?

382. Combien y a-t-il d'années dans 1280 jours ?

383. Combien y a-t-il d'années et de jours dans 100000000 de minutes ?

384. Combien y a-t-il d'heures, de minutes et de secondes dans 10000 secondes ?

385. 4 ballots de drap contiennent 10 pièces chacun, et chaque pièce contient 90 mèt.; le tout coûte 26000 fr. : quel est le prix du mètre ?

386. 56 ouvriers se partagent 1000 f. : quelle sera la part de chacun ?

387. En 65 semaines on a gagné 700 f. : combien a-t-on gagné par jour ?

388. 100 œufs ont coûté 2 f. 85 c. : à combien revient l'œuf ?

389. On a acheté 156 mèt. de toile pour 300 fr. : combien faudra-t-il vendre le mètre pour gagner 30 f. sur le tout, sachant qu'on a payé 12 fr. 50 c. de port ?

390. Partagez 156 en 27 parties égales à un millième près.

391. On acheté 350 milliers de tuiles pour 1900 fr. : combien a-t-on payé le millier ?

392. Divisez 150 fr. en deux parties dont l'une surpasse l'autre de 15 fr.

393. On veut partager 146 fr. entre un certain nombre de pauvres en donnant à chacun 2 fr. 25. ; le partage fait, il reste 11 fr. : combien a-t-on récompensé de pauvres ?

394. Combien y a-t-il de grosses de plumes dans 90000 plumes, sachant que chaque grosse en contient 144 ?

395. On a acheté 84 douzaines de bas pour 1000 fr.:

combien doit-on revendre la paire pour gagner 0 f., 30 c. sur chaque paire ?

396. Un homme gagne 3 f., 20 c. par jour : combien lui faudra-t-il d'années pour gagner 10000 fr., sachant que chaque année il a travaillé 308 jours ?

397. Quel est le nombre dont le produit par 0,5 divisé par 8, donne 128 ?

398. Un homme dépense 800 fr. par an : combien dé pense-t-il par jour ?

399. 150 moutons ont coûté 2700 f. : quel est le prix d'un mouton ?

Exercices sur le système Métrique.

400. Combien le myriamètre vaut-il de kilomètres, d'hectomètres, de décamètres, de mètres, de décimètres et de centimètres ?

401. Réduisez un kilomètre en millimètres.

402. Combien y a-t-il de décamètres dans 650000 centimètres ?

403. Convertissez 5426 décamètres en myriamètres.

404. Combien le méridien de la terre vaut-il de myriamètres, de kilomètres, de mètres et de centimètres ?

405. Combien l'hectomètre est-il de fois plus grand que le décimètre ?

406. Qu'est-ce que le décamètre relativement au myriamètre ?

407. Qu'est le centimètre par rapport au kilomètre ?

408. Combien y a-t-il de millimètres dans 5 décamètres.

409. Convertissez 64200 centimètres, en hectomètres.

410. Réduisez 10000 décimètres en kilomètres.

411. Qu'est-ce que le décimètre carré par rapport au mètre carré ?

412. Combien y a-t-il de centimèt. carrés dans un décamètre carré ?

413. Qu'est le centimètre carré relativement au mètre carré ?

414. Combien y a-t-il de kilomètres, de mètres et de centimètres dans 460129 centimètres ?

415. Qu'est-ce que le mètre carré relativement au kilomètre carré ?

416. Combien y a-t-il de mètres carrés dans 46012913 centimètres carrés ?

417. Convertissez un mètre carré en millimètres carrés ?

418. Convertissez un myriamètre carré en mètres carrés.
419. Convertissez un mètre cube en centimètres cubes?
420. Convertissez 64200 centimèt. cubes en décimètres cubes?
421. Convertissez 1 kilomètre cube en mètres cubes.
422. Qu'est-ce que le décimètre cube par rapport au mètre cube?
423. Qu'est-ce que le centimètre cube relativement au mètre cube?
424. Combien y a-t-il de centimèt. cubes dans un décamètre cube?
425. Qu'est-ce que le mètre cube relativement au décamètre cube?
426. Combien y a-t-il de mètres cubes et de centimètres cubes dans 46012913 centimètres cubes.
427. Qu'est-ce que le millimètre cube relativement au décimètre cube?
428. Combien 3 décamètres cubes valent-il de centimètres cubes?
439. Réduisez 3 ares en centiares.
430. Combien y a-t-il d'hectares dans 56870 centiares?
431. Combien y a-t-il de centiares dans 4 hectares?
432. Combien y a-t-il d'hectolitres dans 536000 décilitres.
433. Combien y a-t-il de décamètres carrés dans 6876700 décimètres carrés.
434. Combien y a-t-il de mètres cubes dans 25990 décimètres cubes?
435. Combien y a-t-il de décastères dans 169 centistères?
436. Combien y a-t-il de décagram. dans 7800 décigrammes?
437. Combien y a-t-il de francs dans 3600 centimes?
438. Qu'est-ce que l'are relativement à l'hectare?
439. Qu'est-ce que le décistère relativement au stère?
440. Combien y a-t-il de décistères dans 5 stères?
441. Qu'est-ce que le stère par rapport au décastère?
442. Convertissez 3 décastères en décistères?
443. Qu'est-ce que le litre relativement au kilolitre?
444. Qu'est-ce que le décilitre relativement au kilolitre?
445. Convertissez 5 litres en centilitres?
446. Réduisez 3 hectolitres en millilitres?
447. Combien le décagramme vaut-il de centigrammes?
448. Qu'est-ce que le décagramme relativement au kilogramme?
449. Convertissez 5 myriagrammes en centigrammes.
450. Combien le franc vaut-il de centimes.

451. Qu'est-ce que le décime relativement au franc ?

452. Combien la pièce de 5 fr. vaut-elle de pièces de 0,20 centimes ?

453. Ecrivez 3 hectomètres 50 mètres 35 centimètres 4 millimètres.

454. Ecrivez 25 mètres carrés 6 décimètres carrés 150 millimètres carrés.

455. Ecrivez 3 hectomèt. carrés 50 mèt. car. 35 centim. car. 4 millim. carrés.

456. Ecrivez 25 mètres cubes 6 décimèt. cubes 150 millimèt. cub.

457. Ecrivez 3 hectomèt. cub. 50 mèt. cub., 35 centim. cub. 4 millimèt. cub.

458. Ecrivez 3 hectares 5 ares 4 centiares.

459. Ecrivez 3 décastères 5 stères 4 décistères.

460. Ecrivez 354 kilolitres 15 décalitres 95 millilitres.

461. Ecrivez 354 grammes 15 décagrammes 95 milligrammes.

462. Ecrivez 354 francs 15 centimes 95 dix-millièmes.

Sur l'Addition.

463. Ecrivez en chiffres et additionnez les nombres suivants : 560 mèt., 25 centimèt., + 0 m., 98, + 5097 mèt., 003, + 6 mèt. 45, + 75 centimètres.

464. Additionnez 4 kilomètres 2 décamèt., 5 décimètres 3 millimèt., + 54 myriamèt. 28 hectomèt. 569 décimèt.; + 450 hectomèt. 9 mèt. 58 millimètres.

465. Additionnez 560 mèt. car. 25 centimèt. car., + 0, mèt. car. 98, + 5097 mèt. car. 003, + 6, mèt. car. 45, + 65 centimètres carrés.

366. Additionnez 4 kilomèt. carrés 2 décam. car. 5 dédécimèt. car., 3 millimèt. car.; + 54 myriamèt. car., 28 hectom. car. 569 décimèt. car., + 450 hectom. car. 9 mèt. car. 58 millim. carrés.

467. Additionnez 560 mèt. cub. 25 centim. cub. + 0, mèt. cub. 98, + 5097 mèt. cube 003, + 6 mèt., cub. 45 + 75 centimèt. cubes.

468. Faites le total de 4 kilomèt. cubes 2 décam. cub. 5 décim. cub. 3 millim. cube, + 54 myriam. cub. 28 hectom. cub. 569 décimèt. cub., + 450 hectom. cub. 9 mèt. cub. 58 millim. cubes.

469. Faites la somme de 640 décimèt. 5 centim., + 39 millimèt., plus 30 mèt. 4 centimètres.

470. Faites la somme de 640 décimèt. car. 5 centimèt. car., + 39 millim. car., + 30 mèt. car. 4 centimèt. car.

471. Faites la somme de 640 décimèt. cub. 5 centimèt. cub., 39 millimèt. cub. + 30 mètres cubes 4 centimètres cubes.

472. Additionnez 15 centimètres avec 15 centièmes de mètre.

473. Additionnez 15 centimètres carrés avec 15 centièmes de mètre carré.

474. Additionnez 15 centimètres cubes avec 15 centièmes de mètre cube.

475. Additionnez 38 décimètres carrés 3 centimètres carrés, avec 38 dixièmes de mètre carré 3 centièmes de mètre carré.

476. Additionnez 38 décimètres cubes, 3 centimètres cubes, avec 38 dixièmes de mètre cube 3 centièmes de mètre cube.

477. Additionnez 58 hectares 8 ares 92 centiares, avec 853 ares 5 centiares.

478. Additionnez 325 stères 5 décistères, avec 32 décastères 55 décistères.

479. Additionnez 1906 litres 5 centilitres, avec 58 kilolitres 5 décalitres 85 millilitres.

480. Additionnez 380 hectogrammes 6 grammes 27 centigr., avec 87 kilog. 59 décagr., 632 milligram.

481. Additionnez 4 doubles-décalitres avec 6 demi-hectolitres.

482. Additionnez 60 demi-décastères avec 59 doubles-décistères.

Sur la Soustraction.

483. Otez 135 mèt. 35 millim. de 200 mèt.

484. Otez 135 mèt. carr. 35 millimèt. car. de 200 mèt. carrés.

485. Otez 135 mèt. cub. 35 millim. cub., de 200 mèt. cubes.

486. Otez 125 ares 8 centiares de 2 hectares.

487. Otez 18 stères 5 décistères de 2 décastères.

488. Otez 8 kilolit. 70 litres 4 millilit. de 9 kilolit.

489. Otez 635 décagram. 7 centigr., de 1 myriagr.

490. Otez 925 fr. 8 centimes 4 millièmes, de 1000 fr.

491. Otez 14 doubles-décalitres de 24 demi-hectolitres.

492. Otez 25 demi-décagrammes de 3 doubles-hectogrammes.
493. Otez 805 centimètres carrés de 4 dixièmes de mèt. carré.
494. Otez 156 centimètres cubes de 3 centièmes de mètre cube ?

Sur la Multiplication.

495. Multipliez 8 kilomèt. 56 mèt. par 6,89.
496. Multipliez 283 décamèt. 8 centimèt. par 9.
497. Multipliez 283 décamèt. car. 8 centimèt. car. par 9.
498. Multipliez 283 décamèt. cubes 8 centimèt. cub., par 9.
499. Multipliez 5 hectares 3 ares 7 centiares par 6,89.
500. Multipliez 359 centiares par 7, et exprimez le produit en ares.
501. Multipliez 28 décalit. 5 décilitres par 0,54.
502. Multipliez 9 hectogram. 7 gram. 3 centigr. par 14.
503. Multipliez 326 kilogr. 48 centièmes par 19 et exprimez le produit en kilogram.
504. Si le mètre coûte 3 fr., combien coûtera le centimètre ?
505. Si le mètre carré coûte 3 fr., combien coûtera le centimètre carré ?
506. Si le mètre cube coûte 3 fr., combien coûtera le centimètre cube ?
507. Si le décimètre coûte 0, f. 50 c., combien coûtera un mètre ?
508. Si le décimètre carré coûte 0, fr. 50 c., combien coûtera un mètre carré ?
509. Si le décimètre cube coûte 0, f. 50 c., combien coûtera un mètre cube ?
510. Si l'are coûte 50, fr. 75 c., combien coûtera : 1° un hectare ; 2° un centiare ?
511. Si un centiare coûte 0, f. 55 c., combien coûtera : 1° un are ; 2° un hectare ?
512. Si le stère coûte 18 fr. 50 c., combien coûtera : 1° un décastère ; 2° un décistère ?
513. Si le litre coûte 0, f. 30 c., combien coûtera : 1° un hectolitre ; 2° un centilitre ?
514. Si un décagramme coûte 0, fr. 25, combien coûtera : 1° un kilogram. ; 2° un centigramme ?

515. Quel est le prix de 35 mèt. 25 c. de drap à 15 fr., le mètre ?

516. Dites le prix de 0, mèt. 08 centimèt. de ruban à 2 fr. 50 le mètre ?

517. Combien faut-il payer pour 35 mèt. de calicot à 0,07 le décimètre ?

518. Combien coûteront 98 centimètres carrés à 29 fr. le mèt. carré ?

519. Combien coûteront 98 mèt carrés à 0, fr. 25 c. le décimètre carré ?

520. Combien coûteront 98 centimèt. cubes à 29 fr. le mètre cube ?

521. Combien coûteront 98 mèt. cubes à 0, fr. 25 c. le décimèt. cube ?

522. Combien coûteront 56 hectares à 0, fr. 60 c. le centiare ?

523. Combien coûteront 56 hectares 3 ares 25 centiares à 3090 fr. l'hectare (1) ?

524. Combien coûteront 28 hectolitres de vin à 0, f. 03 le décilitre ?

525. Combien coûteront 568 centilitres d'eau-de-vie à 140 fr. l'hectolitre ?

526. Quel est le prix de 15 décalitres de froment à 15 f., l'hectolitre ?

527. Combien valent 25 hectolit. 5 litres de petits poids à 0, fr. 55 c., le litre ?

528. Combien coûteront 5 hect. 6 litres 50 centilitres de bière à 0, f. 25 centimes le litre ?

529. Combien coûteront 25 décagrammes à 15 fr. le kilogram. ?

530. Combien coûteront 69 décigrammes à 55 fr. le kilogram. ?

531. Quel est le prix de 50 kilogr. 28., à 1 fr. 50 c. le kilogr. ?

(1) Pour résoudre ces sortes de problèmes, on peut mettre la virgule immédiatement après l'unité dont on donne le prix, et multiplier ensuite le prix de cette unité par le nombre de ces mêmes unités, en considérant les autres chiffres à droite de cette unité comme des décimales de cette même unité. Ainsi, pour résoudre le problème ci-dessus, il n'y a qu'à multiplier 3090 fr. par 56,0325.

On pourrait encore résoudre ces sortes de problèmes en cherchant le prix de la plus petite espèce d'unité, et multiplier ensuite ce prix par le nombre de ces mêmes unités que forme le nombre donné, sans avoir égard à la virgule.

Ainsi, pour résoudre le problème ci-dessus, je dis : si un hectare coûte 3090 fr., un centiare coûtera 10000 fois moins ou 0 fr. 3090, et 560325 centiares coûteront 560325 fois plus ou 0 fr. 3090 $\times$ 560325.

532. Quel est le prix de 0, kilogr. 85 centig., à 0, fr. 75 c. le kilogr. ?

533. A 3 fr. 50 c. le kilogram., combien payera-t-on pour 36 kilogr. 65 décagr. ?

534. Combien aura-t-on de décimètres pour 85 f. 50 c., si l'on a 12 mèt. 25 pour la même somme (1) ?

535. 12 mèt. car. 25 centimèt. ont coûté 85 fr. 50 c. : combien aurait-on de décimètres carrés pour la même somme ?

536. 12 mèt. cub. 25, coûtent 85 fr. 50 c. : combien aura-t-on de décimètres cubes pour la même somme ?

537. A 0 fr. 25 c. le décimèt., quel est le prix du décamèt. ?

538. A 500 f. l'hectomèt., quel est le prix du centimèt. ?

539. A 0 fr. 25 c. le décimèt. carré, quel est le prix du mètre carré ?

540. A 0 f. 25 c. le décimèt. cube, quel est le prix du mèt. cube ?

541. Combien 6 dixièmes de mèt. carré valent-ils de décimètres carrés ?

542. Combien 8 centièmes de mèt. carré valent-ils de centimèt. carrés ?

543. Combien 4 millièmes de mètre carré valent-ils de millimètres carrés ?

544. Combien 3 dixièmes de mèt. cube valent-ils de décimètres cubes ?

545. Combien 5 centièmes de mètre cube valent-ils de centimètres cubes ?

546. Combien 3 millièmes de mèt. cube valent-ils de millimètres cubes ?

547. Réduisez 25 doubles-décagrammes en demi-dicigr. ?

548. Réduisez 5 demi-kilogrammes en doubles-décagr. ?

Sur la Division.

549. 40 centimètres d'étoffe coûtent 1 fr. : quel est le prix du mètre ?

550. 40 centim. carrés coûtent 1 fr. : quel est le prix du mèt. car. (2) ?

(1) Il est clair que pour la même somme, on aura 10 fois plus de décimètres que de mètres, c'est-à-dire 122 décimèt. plus 5 dixièmes de décimètre.

(2) Pour résoudre ces sortes de problèmes, il faut mettre la virgule immédiatement après l'unité dont on cherche le prix, et diviser la

551. 40 centimèt. cubes coûtent 1 fr. : quel est le prix du mèt. cube?

552. 50 mèt. coûtent 150 f. : quel est le prix du décimètre?

553. 50 mèt. car. coûtent 150 fr. : quel est le prix du décimèt. car.?

554. 50 mèt. cubes coûtent 150 fr. : quel est le prix du décimèt. cube ?

555. A combien revient l'hectare, si 5 ares 8 centiares coûtent 160 fr.?

556. 8 décastères de bois coûtent 152 f. : quel est le prix du stère?

557. 20 hectolitres 6 litres 50 centilit. ont été payés 800 fr. : quel est le prix du litre?

558. 6 décalitres de froment ont coûté 17 fr. : quel est le prix de l'hectolitre?

559. 56 décagram. de marchandise coûtent 3 fr. : quel est le prix du kilogr. ?

560. Dites à combien revient le décigramme à 20 fr. le kilogr. ?

561. 18 kilogr. d'huile coûtent 24 fr. : à combien revient l'hectogr. ?

562. 24 kilogr. 55 centièmes coûtent 15 fr. : à combien revient le kilogr. ?

563. Combien y a-t-il de dixièmes de mètre carré dans 1250 centimèt. carrés?

564. Combien y a-t-il de centièmes de mèt. carré dans 14900 millimèt. carrés?

565. Combien y a-t-il de dixièmes de mètre cube dans 1600 décimètres cubes?

566. Combien y a-t-il de centièmes de mètre cube dans 150600 centimètres cubes.

567. Combien y a-t-il de millièmes de mètre cube dans 2640000 millimètres cubes?

somme donnée par le nombre de ces unités, en considérant les autres chiffres à droite de cette unité comme des décimales de cette même unité. Ainsi, pour résoudre le problème ci-dessus, il n'y a qu'à diviser 1 fr. par 0,0040.

On pourrait encore résoudre ce problème en partageant 1 fr. en autant de parties égales qu'on a de centimètres car., et l'on aurait le prix d'un centimètre carré; en multipliant ensuite le prix d'un centimètre carré par 10000, on aurait le prix du mètre carré; mais quand il y a des restes dans les divisions, on a une réponse plus juste en multipliant le dividende (pour multiplier le quotient) qu'en multipliant le quotient après la division faite.

6 décagrammes coûtent 0 fr. 18 cent. : à combien revient le kilogr. ?

568. Combien aura-t-on de kilogr. pour 200 fr., si l'on a 1 hectogram. pour 0 fr. 40 c. ?

569. 1 décimèt. coûte 0 f. 05 c. : combien aurait-on de mètres pour 300 fr. ?

570. 1 décimèt. carr., coûte 0 f. 05 c. : combien aurait-on de mètres carrés pour 300 fr. ?

571. 1 décimèt. cub. coûte 0 f. 05 c. : combien aurait-on de mètres cubes pour 300 fr.

572. 125 ares ont coûté 5000 fr. : combien aurait-on d'hectares pour la même somme (1) ?

573. 3 hectares ont coûté 5000 fr. : combien aurait-on de centiares pour la même somme ?

574. Un homme fait 3 mèt. d'ouvrage par jour et sa femme 1 mèt 85 : combien mettront-ils de jours travaillant ensemble, pour faire 970 mèt. ?

575. Combien y a-t-il de dixièmes de mèt. carré dans 14000 centimètres carrés ?

576. Combien y a-t-il de centièmes de mètre cube dans 25600000 centimètres cubes ?

577. Combien y a-t-il de demi-kilogr. dans 84000 doubles-décagrammes ?

578. Combien y a-t-il de doubles-décalitres dans 168 demi-litres ?

Exercices sur les rapports relatifs qui existent entre les diverses mesures entre elles.

579. Réduire un hectare en mètres carrés.
580. Réduire un are en mètres carrés ?
581. Réduire un hectare en décamètres carrés ?
582. Réduire un kilomètre carré en un hectares ?
583. Réduire un hectomètre carré en ares ?
584. Réduire un décamètre carré en centiares ?
585. Combien un kilolitre contient-il de mètres cubes ?
586. Combien un hectolitre contient-il de décimèt. cub. ?
587. Combien un décilitre contient-il de centimèt. cub. ?
588. Combien un millilitre contient-il de centimèt. cub. ?

(1) Pour résoudre ce problème il n'y a qu'à diviser 125 ares par 100, car si l'on a 125 ares pour 5000 fr., on aura pour la même somme, 100 fois moins d'hectares que d'ares.

589. Quel est le poids en kilogram. d'un mètre cube d'eau ?
590. Combien un décimèt. cube pèse-t-il de gram. ?
591. Combien un centimèt. cube pèse-t-il de centigram. ?
592. Quel est le poids en kilogr. d'un hectolitre d'eau, et combien 1 litre d'eau pèse-t-il de gram. ?
593. Combien 1 centilit. d'eau pèse-t-il de gram. ?
594. Combien 1 fr. en argent pèse-t-il de décigrammes ?
595. Combien y a-t-il de mètres carrés dans 15 hectares ?
596. Combien y a-t-il de mèt. carrés dans 4 ares 5 centiares ?
597. Combien y a-t-il de décimètres carrés dans 3 centiares ?
598. Combien y a-t-il d'hectomèt. carrés dans 156 hectares ?
599. Combien y a-t-il d'hectomèt. carrés dans 1600 ares ?
600. Combien y a-t-il de décamèt. carrés dans 2 hectares 3 ares ?
601. Combien y a-t-il de kilomèt. carrés dans 5625 hectares ?
602. Combien y a-t-il de myriamèt. car. dans 600000 hectares ?
603. Combien y a-t-il de centiares dans 2 décamèt. car. 5 mèt. car. ?
604. Combien y a-t-il d'hectares dans 156075 mèt. carr. ?
605. Combien y a-t-il d'ares dans 12990 mèt. car. ?
606. Combien y a-t-il de mètres cubes dans 3 décastères 6 stères ?
607. Combien y a-t-il de décimèt. cubes dans 5 décistères ?
608. Combien y a-t-il de décistères dans 5600000 centimètres cubes ?
609. Combien y a-t-il de kilolit. dans 56 mèt. cubes ?
610. Combien y a-t-il de centimètres cubes dans 3 doubles décalitres ?
611. Combien y a-t-il d'hectolitres dans 20 mèt. cub. ?
612. Combien y a-t-il de décalitres dans 3 mèt. cubes ?
613. Combien y a-t-il de litres dans 78 décimètres cub. ?
614. Combien y a-t-il de décilitres dans 200 centimètres cubes ?
615. Combien y a-t-il de centilitres dans 150 centimètres cubes ?
616. Combien y a-t-il de millilitres dans 4 centimèt. cub. ?
617. Combien 3 décilitres contiennent-ils de centimèt. cubes ?

618. Combien 1 centilitre contient-il de centimèt. cubes ?

619. Combien 8 millilit. contiennent-ils de centim. cub. ?

620. Combien 10 stères 1 décistère valent-ils de centimètres cubes ?

621. Combien 8 hectolitres 3 litres valent-ils de décimèt. cubes ?

622. Combien 570 décimèt. cubes d'eau pèsent-ils de kilogr. ?

623. Combien 1 mèt. cube d'eau pèse-t-il de kilogr. ?

624. Combien un mèt., cube d'air pèse-t-il de kilogr., sachant qu'à volume égal, l'air pèse 770 fois moins que l'eau ?

625. Combien 500 centimèt. cubes d'eau pèsent-ils de gram. ?

626. Combien 12 décimèt. cubes d'eau pèsent-ils d'hectogram. ?

627. Combien 500 millimèt. cub. d'eau pèsent-ils de gram. ?

628. Combien 1590 centimèt. cubes d'eau pèsent-ils de décagram. ?

629. Combien y a-t-il de décimèt. cubes dans 620 kilogr. d'eau. ?

630. Combien y a-t-il de décimèt. cubes dans 406 décagram. d'eau ?

631. Combien y a-t-il de centimèt. cubes dans 420 hectogr. d'eau ?

632. Combien y a-t-il de centimèt. cubes dans 520 décagr. d'eau ?

633. Combien y a-t-il de centimèt. cubes dans 143 gram. d'eau ?

634. Combien y a-t-il de centimèt. cubes dans 900 centigr. d'eau ?

635. Combien pèsent 4 lit. 5 décilit. d'eau ?

636. Quel est le poids en kilogr. d'un kilolit. d'eau ?

637. Combien pèsent 12 décalitres d'eau ?

638. Quel est le poids de 42 centilitres d'eau ?

639. Quel est le poids de 4 hectolit. 5 litres 8 centilit. 6 millitres d'eau ?

640. Combien y a-t-il de décilitres dans 48 hectogr. d'eau ?

641. Combien y a-t-il de centilit. dans 146 gr. d'eau ?

642. Combien y a-t-il de millilitres dans 28 gram. d'eau ?

643. Combien y a-t-il de pièces de 5 fr. dans un sac qui pèse net 12 hectogr. ?

644. Quel est le poids de 1200 fr. en argent ?

645. Quel est le poids de 25 pièces de deux francs ?

646. Quel est le poids de 56 pièces de 50 centimes ?
647. Quel est le poids de 40 pièces de 20 centimes ?
648. Quel est le poids de 1000 fr. en or.
649. Quel est le poids de 30 fr. en cuivre ?
650. Combien y a-t-il de pièces de 10 centimes dans un sac qui pèse net 312 décagram. ?
651. Combien pèsent 100 fr. : 1° en argent : 2° en or ; 3° en cuivre ?
652. Quelle somme en argent pèserait autant que 1600 fr. en or ?
653. Quelle somme en argent pèserait autant que 50 fr. en cuivre ?
654. Quelle somme en or pèserait autant que 25 fr. en argent ?
655. Quelle somme en or pèserait autant que 5 fr. en cuivre ?

Problèmes divers sur le système Métrique.

656. Combien y a-t-il de doubles-kilogr. dans 50 tonneaux de mer ?
657. Combien 10 quintaux métriques pèsent-ils d'hectogram. ?
658. Convertissez 62400 demi-gram. en kilogr.
659. Ajoutez 58 demi-gram. avec 37 doubles-gram.
660. Otez 56 demi-décagram. de 40 doubles-hectogr. ?
661. 28 doubles-décagr. ont été payés 7 fr. : quel est le prix du demi-kilogram. ?
662. Convertissez 50 doubles-gram. en demi-décagram. ?
663. Convertissez 3 doubles-kilogram. en demi-décigr. ?
664. Un somme en argent pèse 1600 gram. : combien contient-elle d'écus de 5 fr. ?
665. 45 décagr. de marchandise coûtent 90 fr. : combien faudra-t-il vendre le kilogram. pour gagner 18 fr. sur le tout ?
666. 25 ares de terrain coûtent 1000 fr. : quel est le prix du mètre carré ?
667. Combien coûteront 5 hectares à 0 f. 25 c. le mèt. carré ?
668. Combien coûteront 50 mèt. carrés à 2000 fr. l'hectare ?
669. Combien coûteront 46 demi-hectolitres de blé à 3 fr. le double-décalitre ?

670. Combien y a-t-il de doubles-décalitres dans 3500 décilitres ?

671. La lieue commune ayant 4444 mèt., combien y a-t-il de lieues dans le tour de la terre ?

672. On a vendu 46 centiares de terrain pour 200 fr. : quel serait le prix de l'hectare ?

673. A 0 f. 40 c., le mètre carré, combien aurait-on d'hectares pour 20000 fr. ?

674. On a mis dans un tonneau 3 hectolitres 25 litres d'eau : combien pèse cette eau ?

675. Une chaudière pleine d'eau pèse 60 kilogr. et la chaudière seule pèse 8 kilog. 30 : quelle en est la capacité ?

676. Quels poids d'argent pur y a-t-il dans la pièce de 1 fr. ?

677. Quel poids d'or pur y a-t-il dans la pièce de 20 fr. ?

678. Combien vaut 1 kilogr. de pièces d'argent, et un kilogr. de pièces d'or ?

679. Combien la 5me partie d'un mètre cube vaut-elle de centimètres cubes ?

680. Combien coûteront 6 décistères de bois à 20 fr. le mètre cube ?

681. Combien coûteront 3 demi-décastères de bois à 20 fr. le mèt. cube ?

682. Un rouleau de pièces de 50 centimes pèse 90 gr. : quelle est sa valeur ?

683. Un rouleau de pièces de 20 fr. pèse 161 gr., 30 : quelle est sa valeur ?

684. Un bassin renferme 6090 litres d'eau : quel est son volume ?

685. Un réservoir a 8 mèt. cub 506 de capacité : combien contient-il de litres ?

686. Un bassin renferme 6450 kilog. 208 d'eau : quel est son volume ?

687. Combien les 4 centièmes d'un mètre cube valent-ils de centimètres cubes ?

688. Combien faut-il donner de litres de vin à 0 f. 30 le litre, pour payer une dette de 171 fr.

689. Combien y a-t-il de décimètres cubes dans 7 doubles-décistères ?

690. Combien 4 hectolitres valent-il de doubles-décalitres ?

691. Combien un double-hectogramme vaut-il de doubles-décigrammes ?

692. Combien faut-il de doubles-décagrammes pour valoir un demi-kilogramme ?

Exercices sur les fractions.

Sur la première réduction des fractions.

693. Convertissez 5 unités en tiers.
694. Réduisez 8 unités en quarts.
695. Réduisez 3 unités en cinquièmes.
696. Convertissez 15 unités 1/3 en tiers.
697. Réduisez 9 unités 3/5 en cinquièmes.
698. Convertissez 12 unités 5/7 en une seule fraction.
699. Combien y a-t-il de demies dans 13 unités 1/2 ?
700. Dites le nombre de quarts qu'il y a dans 7 unités 3/4 ?
701. Combien y a-t-il de onzièmes dans 7 unités 5/11 ?
702. Convertissez 6 unités 11/21 en une seule fraction.

Sur la seconde réduction.

703. On demande combien il y a d'unités dans 15/3 ?
704. Combien y a-t-il d'unités dans 32/4 ?
705. Quelles sont les unités contenues dans 20/3 ?
706. Combien y a-t-il d'unités dans 146/6 ?
707. Combien y a-t-il de jours dans 345/8 de jour ?
708. Combien y a-t-il d'heures dans 36/4 d'heure ?
709. Combien y a-t-il de francs dans 28/5 de franc ?
710. Combien y a-t-il de décimètres dans 64/16 de décimètre ?
711. Combien y a-t-il d'années dans 73/12 d'année ?
712. Combien y a-t-il de jours dans 3/7 d'années ?

Sur la troisième réduction.

713. Réduisez les fractions 12/4, 10/5, 24/48, 9/36 à leur plus simple expression.
714. Quelle est la plus simple expression de la fraction 60/96 ?
715. Réduisez 96/360 à sa plus simple expression.
716. Réduisez à sa plus simple expression, la fraction 39/91.
717 Réduisez 98/154 à sa plus simple expression.
718. Réduisez la fraction 85/221 à sa plus simple expression.

719. Réduisez 91/364 à sa plus simple expression

720. Réduisez à sa plus simple expression, la fraction 187/561.

Sur la quatrième réduction.

721. Réduisez 1/2 et 2/3 au même dénominateur.

722. Réduisez 3/4 et 5/6 au même dénominateur.

723. Réduisez au même dénominateur, les fractions 3/7, 1/2, 7/8.

724. Donnez un même dénominateur aux fractions 1/2, 1/3, 1/4, 1/5.

725. Donnez un même dénominateur aux fractions 2/3, 3/4, 2/5.

726. Réduisez 3/5, 3/7, 3/8, 3/6 au même dénominateur.

727. Réduisez au même dénominateur les fractions 13/21, 9/12, 15/23.

Sur l'addition des fractions.

728. Additionnez 6/13 avec 8/13.

729. Additionnez 3/7 avec 15/16.

730. Additionnez 4/10 avec 56/63.

731. Additionnez 4. 1/4 avec 9/11.

732. Additionnez 5. 2/3 avec 12. 1/2.

733. Additionnez 1. 4/9 avec 8 unités.

734. On veut ajouter ensemble 18. 4/31 avec 1. 6/15.

735. Faites l'addition des fractions 3/7, 13/16, 8. 1/3.

736. Additionnez 5. 11/12 avec 6. 14/100.

737. Additionnez les fractions 1/2, 4/9, 6/14, 5. 1/2.

738. De quel nombre faut-il ôter 8. 1/3 pour que le reste soit 9/10 ?

739. Donnez le total des nombres suivants : 1. 3/8, 17 13/17, 6/14.

740. Additionnez 12. 60/100 avec 1. 87/986.

Sur la soustraction des fractions.

741. De 4/12 ôtez 2/12.

742. De 14/15 ôtez 4/10.

743. De 25/30 ôtez 1/2.

744. De 1 ôtez 3/5.
745. De 4 ôtez 6/8.
746. De 12/9 ôtez 1.
747. De 2 ôtez 1. 2/3.
748. De 14 ôtez 11. 1/4.
749. De 15. 3/10 ôtez 12. 13/14.
750. Combien faut-il ajouter à 3/5 pour avoir 8/9 ?
751. Combien faut-il retrancher de 14/15 pour avoir 6/8 ?
752. Quelle est la différence qui existe entre 3/8 et 3/9 ?
753. Quel est l'excédant de 1/3 sur 1/4 ?
754. Quel est le nombre qui étant ôté de 19. 4/9, donne pour reste 16. 4/11 ?

Sur la multiplication des fractions

755. Multipliez 5/7 par 6.
756. Multipliez 2. 1/4 par 8.
757. Multipliez 8 par 4/17.
758. Multipliez 10 par 3. 1/5.
759. Multipliez 1/2 par 3/4.
760. Multipliez 5/6 par 3/10.
761. Multipliez 13/28 par 15/35.
762. Prenez la 1/2 de 3/11.
763. Multipliez 2. 1/4 par 9. 5/9.
764. Prenez le 1/4 de 3. 1/3.
765. Multipliez 5. 4/12 par 18. 21/39.
766. Prenez les 3/4 de 4. 5/9.
767. Quel est le produit de 16. 1/2 par 5. 3/10 ?
768. Prendre les 4/20 de 7/8.
769. Multipliez entr'elles les fractions suivantes : 1/2, 3/7, 5/8.
770. Effectuez les produits suivants : × 1/2 × 3/10 × 5/11 × 3.
771. Multipliez entre eux les nombres suivants : 3. 1/3, 4. 4/13, 12/19.
772. Quels sont les 3/4 de 6. 5/8 ?
773. Quel est le nombre qui étant divisé par 8, donne pour quotient 5/6.

Quels sont les 15/20 de 3/7 ?

774. Quel est le dividende d'une division dont le diviseur est 2. 9/10 et le quotient 9/20 ?
775. Réduisez les 3/14 des 5/8 de 2 en fraction de l'unité.
776. Quels sont les 2/3 des 3/4 des 5/6 de 8 unités ?
777. Quelle est la 1/2 du 1/4 des 7/11 de 9/10 ?

778. Au moment que j'écris ce problème, il est les 2/3 des 5/8 de midi : devinez quelle heure il est ?
779. Prenez les 3/7 de la moitié de 13.

Sur la division des fractions.

780. Divisez 15/28 par 5.
781. Divisez 8/9 par 10.
782. Divisez 51/64 par 12.
783. Divisez 1 par 4/7.
784. Divisez 6 par 8/17.
785. Divisez 15 par 16/38.
786. Divisez 8/11 par 2/7.
787. Divisez 1/3 par 1/5.
788. Divisez 1/2 par 14/20.
789. Divisez 15/25 par 8/35.
790. Divisez 2. 1/4 par 3. 4/10.
791. Divisez 19. 1/13 par 1. 1/3.
792. Combien 4. 3/8 sont-ils contenus dans 111. 4/10.
793. Quel est le nombre qui étant multiplié par 6. 1/2 donne pour produit 3/4 ?
794. Quel est le diviseur d'une division dont le dividende est 6. 1/2 et le quotient 4/8 ?
795. Quelle différence y a-t-il entre 2/3 divisés par 1/2, et 3/4 divisés par 1/3 ?
796. Par quel nombre faut-il diviser 1/3 pour avoir 3/4 ?
797. Par quel nombre faut-il multiplier 6. 2/3 pour avoir 1/2 ?

Sur la réduction des fractions ordinaires en fractions décimales.

798. Réduisez 1/2 en dixièmes.
799. Réduisez 3/4 en centièmes.
800. Réduisez 3/12 en millièmes.
Trouvez la valeur de 13/17 à un millième près.
801. Réduisez 1/3 en décimales, à moins d'un dix-millième près.
802. Quelle est la valeur de la fraction 5/8 réduite en décimales ?
803. Réduisez en décimales 5/16, 3/7 et 3/19.
804. Réduisez en décimales la moitié des 5/8 de 1/3.
805. Combien y a-t-il de décigrammes dans la moitié des 3/7 d'un kilog. ?

806. Combien 7/9 de mètre valent-ils de millimètres.

807. Réduisez 0,4 plus 0,50 plus 0,209, plus 0,0041 en fractions ordinaires.

808. Combien 0,025 de mètre valent-ils en fraction ordinaire de mètre ?

809. Quelle est la valeur de 0,55 en fraction réduite à sa plus simple expression.

810. Réduisez en fractions ordinaires et à leur plus simple expression 0,8 plus 0,65 plus 0,040.

811. Combien 0,85 d'heure valent-ils en fraction ordinaire d'heure ?

Problèmes divers sur les fractions.

812. Additionnez 4/7 + 0,4 + 3 + 4,50 + 6 1/5.

813. Additionnez 0,045 + 20,2 + 5/9 + 8 + 2. 3/8.

814. De 8,2 ôtez 9/11.

815. Soustrayez 0,48 de 6/7.

816. Soustrayez 7/8 de 0,9.

817. Soustrayez 6 1/3 de 8,040.

818. Les 5/7 d'une marchandise coûtent 100 fr. : combien coûte le reste ?

819. Deux personnes veulent se partager 36 fr.; la 1re doit avoir les 3/4 du tiers de cette somme : combien auront-elles chacune ?

820. J'ai acheté les 3/4 d'une pièce de drap, et j'ai vendu la moitié de ce que j'avais acheté : combien m'en reste-t-il ?

821. Ayant acheté les 5/9 d'une pièce de toile; j'ai vendu les 3/4 de ce que j'avais acheté : exprimez en fraction combien il m'en reste.

822. Quel est le nombre qui × 5 = 2/3 × 8/9 ?

823. Les 6/7 d'un champ ont coûté 1000 fr. : quel est le prix du champ entier ?

824. Les 5/11 d'un ouvrage ont été faits en 15 jours : combien faudra-t-il de jours pour faire l'ouvrage entier ?

825. Quel est le 1/3 et demi de 20 ?

826. Quel est le tiers et demi de 3/7 ?

827. Par quel nombre faut-il multiplier 4/9 pour avoir 5/6 ?

828. Par quel nombre faut-il multiplier 6 pour avoir 1/2 ?

829. Quel est le nombre dont les 5/6 valent 48 ?

830. Si mon argent augmente de son tiers, j'aurais 40 f.: combien ai-je ?

831. Le tiers d'un nombre = 2. 5/13 : quel est ce nombre ?

832. Vous avez 20 fr., et je n'ai que les 5/8 de ce que vous avez : combien ai-je ?

833. Multipliez 2. 4/7 par 2,50.

834. Multipliez 4/9 par 0,25.

835. Multipliez 0,645 par 3. 1/3.

836. Prendre les 3/4 et demi de 100.

837. Divisez 9,4 par 8/9.

838. Divisez 0,05 par 4. 3/11.

839. Divisez 6/8 par 0,045.

840. Divisez 12. 1/3 par 4,05.

841. Combien y a-t-il de décimètres carrés dans les 3/20 d'un mètre carré ?

842. Combien y a-t-il de centimètres cubes dans les 6/8 d'un décimèt. cube ?

843. Combien y a-t-il de centiares dans les 7/50 d'un hectare ?

Exercices sur les proportions.

Trouvez le terme inconnu de chacune des proportions suivantes :

844. 4 : 2 : : 10 : x.

845. 6 : 12 : : 9 : x.

846. 15 : 40 : : 13 : x.

847. 45 : 9 : : x : 18.

848. 160 : 4,5 : : x : 3,50.

849. 13,4 : x : : 9,4 : 0,60.

850. x : 26 : : 3/4 : 0,50.

851. 3/4 : 2/3 : : 0,50 : x.

852. 0,04 : 20 : : 0,8 : x.

853. x : 2 1/3 : : 4. 3/4 : 78.

854. 5. 2/7 : 8 : : 0,491 : x.

855. 4/9 : x : : 8/10 : 3/5.

856. 3/12 : 8/12 : : x : 24.

Exercices sur les règles de Trois.

Sur les règles de trois directes simples.

857. 6 mèt. de drap coûtent 72 fr. : combien coûteront 12 mèt. du même drap ?

858. 16 mèt. de toile coûtent 32 fr. : combien coûteront 8 mèt. de la même toile ?

859. Combien coûteront 85 plumes à 0, f. 75 le cent ?

860. Combien coûteront 100 plumes à 1 fr. 60 c. la grosse ? (La grosse est de 144).

861. Pour 60 fr. on a eu 6 mèt. d'étoffe : combien aura-t-on de mèt. de la même étoffe pour 120 fr. ?

862. Combien coûteront 4 paquets de 25 plumes à 7 fr. le mille ?

863. Pour 25 fr. on a eu 50 canifs : combien aura-t-on des mêmes canifs pour 75 fr. ?

864. Un ouvrier a gagné 45 fr. en 18 jours : combien aurait-il gagné s'il avait travaillé 4 jours de moins ?

865. Quel est le prix de 10 canifs à 15 fr. la douzaine ?

866. Lorsque la douzaine d'oranges coûtent 1 fr. 80 c., à combien revient le cent ?

867. Combien coûteront 56 œufs à 0, fr. 45 c., la douzaine ?

868. En 15 jours un ouvrier a gagné 72 fr. : combien aurait-il gagné s'il avait travaillé 5 jours de plus ?

869. On a payé 50 fr. pour le port de 650 kilog. : combien en ferait-on transporter à la même distance pour 80 f. ?

870. 65 ouvriers ont fait 350 mèt. d'un certain ouvrage : combien aurait-il fallu d'ouvriers pour en faire 700 pendant le même temps ?

871. Deux pièces de drap de même qualité coûtent, la première 800 fr., et la seconde 650 fr. : quelle est la longueur de chaque pièce, sachant que la première a 15 mètres de plus que la seconde ?

872. J'ai acheté 1560 fagots à condition d'en avoir 10 pour 100 en sus : combien doit-on m'en livrer ?

873. 960 litres d'huile ont coûté 600 fr. : combien 80 litres de la même huile coûteraient-ils ?

874. Combien doit-on payer pour l'achat de 40 fagots à 18 fr. le cent ?

875. Un voyageur a fait 65 myriamèt. en 12 jours ; combien sera-t-il de jours à parcourir 100 myriamèt. ?

876. Quelle est la hauteur d'un arbre qui donne 60 mètres d'ombre, sachant qu'un bâton de 1 mèt. 20 en donne 3 d'ombre ?

877. En revendant une marchandise 500 fr. 60 c., j'ai gagné 8 pour 100 : combien cette marchandise m'avait-elle coûté ?

878. Combien gagne-t-on pour cent, lorsqu'on vend 89 fr. une marchandise qui n'avait coûté que 80 fr. 75 c. ?

879. On a acheté 180 mèt. d'étoffe à 8 fr. le mètre : combien faut-il vendre le mètre pour y gagner 6 pour cent ?

880. Un marchand de blé en a acheté pour 3800 fr. : en le revendant il a gagné 10 pour cent : combien a-t-il reçu ?

881. En revendant 840 mèt. de drap la somme de 10000 fr., j'ai perdu 5 pour cent : combien ce drap m'avait-il coûté ?

882. J'ai vendu 400 mèt. de toile 1 fr. 80 c. le mèt., et à ce marché j'ai gagné 6 pour cent : combien avais-je déboursé?

883. Quand on donne 4,50 pour 800 plumes à combien est-ce le mille ?

884. Deux pièces de calicot ont l'une 80 mèt., et l'autre 96 : la seconde coûte 32 fr. de plus que la 1re : on demande la longueur de chacune.

885. Un négociant fait assurer sur un navire pour 7560 fr. de marchandises à 8 pour cent : à combien se monte l'assurance ?

886. Un riche bourgeois reçois 950 fr. pour l'assurance de marchandises à 6 pour cent : quelle était la valeur de ces marchandises ?

887. 4 pièces de casimir ont coûté ensemble 1200 fr. : combien contenaient-elles de mètres chacune, sachant que 186 fr. sont le prix de 15 mèt. ?

888. Deux compagnies composées l'une de 35 ouvriers et l'autre de 42, ont fait 600 mèt. d'ouvrage en 10 jours : combien en auraient-elles fait si l'on avait mis 20 ouvriers de moins ?

889. Les 4/5 d'un ouvrage coûtent 56 fr. : combien coûtera l'ouvrage entier ?

890. Les 5/7 d'un ouvrage coûtent 80 fr. : combien coûteront les 3/8 du même ouvrage ?

891. 6 mèt. 5 d'un certain ouvrage coûtent 20 fr. 60 c. : combien coûteront 2 mèt. 6/14 de mèt. du même ouvrage ?

892. Si le double-décalitre de blé fournit 13 kilog. 36 décagr. de pain : Combien faudra-t-il de blé pour faire 150 kilog. 8 décagr. de pain ?

Sur les règles de trois inverses simples.

893. 40 ouvriers ont fait un ouvrage en 15 heures : combien deux ouvriers mettraient-ils de jours pour faire le même ouvrage, en supposant qu'ils travaillent 10 h. par jour ?

894. 50 hommes ont fait un ouvrage en 21 jours : com-

bien faudrait-il de jours à 6 hommes pour faire le même ouvrage ?

895. 30 hommes ont fait un ouvrage en 45 jours : combien aurait-il fallu d'hommes pour faire le même ouvrage en 9 jours ?

896. Il a fallu 60 mèt. de drap ayant 0 mèt. 90 cent. de large pour faire 25 habits : combien aurait-il fallu de mèt. de drap ayant 0 mèt. 80 de large pour faire le même nombre d'habits ?

897. Pour faire transporter 100 kilogram. l'espace de 30 kilomèt., on a pris 4 fr. : combien ferait-on transporter de kilogram. l'espace de 90 kilomèt. pour la même somme ?

898. Une garnison de 600 hommes a des vivres pour 15 mois : combien faudrait-il faire sortir d'hommes si l'on voulait faire durer les vivres 5 mois de plus sans diminuer la ration ?

899. 15 ouvriers ont employé 26 heures pour creuser un fossé ayant 60 mèt. de long sur 3 de large et 0 mèt. 50 de profondeur : combien auraient-ils employé d'heures pour faire le même ouvrage s'ils avaient été 5 ouvriers de plus (1)?

900. Combien faudrait-il d'ouvriers pour faire autant d'ouvrage en 8 heures que 12 ouvriers en font en 20 heures ?

Sur les règles de trois doubles.

901. 60 ouvriers travaillant pendant 20 jours ont fait 580 mèt. d'ouvrage : combien 15 ouvriers travaillant pendant 40 jours en feront-ils ?

902. Combien faudrait-il de jours de 10 heures à 36 hommes, pour faire autant d'ouvrage que 5 hommes en 24 journées de 12 heures ?

903. Combien 24 hommes travaillant 8 jours et demi, feraient-ils de mètres d'ouvrage, sachant que 18 hommes travaillant pendant 10 jours en ont fait 200 mèt. 50 cent.

904. 48 ouvriers travaillant 5 jours et 10 heures par jour ont fait un ouvrage qui a 130 mèt. : combien 36 ouvriers travaillant 14 jours et 12 heures par jour feront-ils de mèt. du même ouvrage ?

905. 12 hommes travaillant 15 jours et 10 heures par

(1) Les nombres qui expriment les dimensions du fossé sont inutiles pour la solution de ce problème.

jour ont fait 180 mèt. d'ouvrage : combien 5 hommes mettraient-ils de jours pour faire 200 mèt. du même ouvrage ?

906. 9 ouvriers travaillant 6 jours et 12 heures et demie par jour, ont gagné 324 fr. : combien a-t-il fallu d'ouvriers travaillant 10 jours et 14 heures par jour pour gagner 500 fr. ?

907. 6 hommes ont travaillé pendant 60 jours et 10 heures par jour, pour creuser une citerne qui a 3 mèt. de long sur 2 de large et 10 de profondeur : combien faudrait-il d'ouvriers travaillant 45 jours et 12 heures par jour pour faire le même ouvrage ?

908. Il a fallu 290 mèt. d'étoffe ayant 1 mèt. de large pour faire 60 habits : combien faudrait-il de mèt. si l'étoffe n'avait que 0 mèt. 70 de large pour faire 8 habits égaux aux premiers ?

909. 25 ouvriers ont fait 809 mèt. en 12 jours en travaillant 4 heures 2/3 par jour : combien 14 ouvriers mettront-ils de jours pour en faire 600, en supposant qu'ils travaillent tous 10 heures par jour ?

910. 13 ouvriers travaillant 5 jours et 12 heures par jour ont défoncé un champ qui a 800 mèt. de long sur 60 de large : combien auraient-ils mis de jours s'ils n'avaient été que 10 hommes ?

Sur les règles d'intérêts simples.

911. On demande l'intérêt annuel de 500 fr. à 6 pour cent par an ?

912. Quel est l'intérêt de 1000 fr. pendant 3 ans à 5 pour cent par an ?

913. Combien faudrait-il placer pour avoir 600 fr. de rente tous les 4 ans ?

914. Quelle somme faudrait-il placer pour rapporter 3 fr. par jour à 4 pour 100 par an ?

915. Quel serait l'intérêt de 8000 fr. placés pendant 2 ans et demi à 4 et demi pour cent par an ?

916. Combien faut-il de temps à 4000 fr. pour rapporter 900 fr. à 4 et demi pour 100 ?

917. On demande la rente que produirait la somme de 10000 fr. placée pendant 5 mois à 6 p. 0/0 par an ?

918. Quelle serait la rente de 0 fr. 05 pendant 6000 ans à 5 p. 0/0 ?

919. Quel est l'intérêt de 6900 fr. pendant 20 jours à 5 p. 0/0 ?

920. Quel capital faut-il placer à 4 et demi pour 100, pour avoir 1000 fr. de rente annuelle ?

921. Quelle somme faudrait-il placer pour rapporter 300 fr. pendant 1 an 3 mois 15 jours, à 5 p. 0/0 ?

922. Combien faudrait-il de temps à 1800 fr. pour rapporter 400 fr. à 5 p. 0/0 ?

923. A quel taux faut-il placer 1200 fr. pour rapporter 60 francs par an ?

924. A quel taux faut-il placer 3000 fr. pour rapporter 450 fr. après 3 ans ?

925. Un créancier a reçu, tant pour intérêts d'un an que pour capital placé à 6 p. 0/0, la somme de 6360 fr. : quel est ce capital (1) ?

926. Un créancier a reçu, tant pour intérêts de 2 ans et demi que pour capital placé à 4 p. 0/0, la somme de 3730 fr.: quel capital a-t-il placé ?

928. Quelqu'un a placé 7000 fr. et au bout de 6 ans 3 mois il reçoit 8967 fr. 50 c., tant pour capital que pour intérêts : quel est le taux du cent ?

929. Trouver l'intérêt de 18000 fr. placés à 5 p. 0/0, pendant 6 ans 4 mois 20 jours.

930. Je place à intérêt à 6 p. 0/0, la somme de 4200 fr. : combien doit-on me rendre en tout après 3 ans et 5 mois ?

931. Combien vaut après 16 mois la somme de 18000 fr. placée à 6 pour 100 par an ?

932. Combien rapportent par jour 17000 fr. placés à 4 et demi pour 100 par an ?

933. J'achète des marchandises pour 1000 fr. que je vends dix mois après 1100 fr. : quel est mon bénéfice en ayant égard aux intérêts de mon argent que j'aurais pu placer à 5 p. 0/0 ?

934. Combien faudra-t-il de temps à 5900 fr. pour rapporter 5900 fr. à 6 pour 100 ?

935. Quel capital faut-il placer à 5 p. 0/0 pour avoir 0 fr. 50 centimes de rente par heure ?

936. 600 fr. ont rapporté après 2 ans 54 fr. : combien rapporteront 880 fr. dans 3 ans ?

937. Quel est le capital qui, après 4 ans 8 mois, vaudra 3900 fr., y compris les intérêts ?

938. Le cours de la rente 4 et demi pour 100 étant 102 fr. combien peut-on acheter de rente pour 10000 fr. ?

(1) Pour résoudre ces sortes de problèmes, il faut ajouter à 100 fr., l'intérêt de cent fr. pendant le temps donné, et établir ensuite la proportion : 100 fr. plus son intérêt pendant le temps donné est à la somme donnée, comme 100 fr. est à x.

939. Combien coûteront 400 fr. de rente 4 et demi pour 100, le cours étant 98 fr. (1) ?

Sur les règles d'intérêts composés.

940. Quel est l'intérêt composé de 6000 fr. après 2 ans, à 5 p. 0/0 par an ?

941. Quel est l'intérêt composé de 1000 fr. après 3 ans et demi à 6 p. 0/0.

942. Combien recevra-t-on après 2 ans 4 mois pour le capital et les intérêts composés d'une somme de 15000 fr. à 4 p. 0/0 ?

943. Que deviendront 4000 fr. placés pendant 3 ans à 4 et demi pour cent à intérêts composés ?

944. Que deviendront 8000 fr. placés pendant 4 ans à 5 p. 0/0 à intérêts composés ?

Sur les règles d'escompte.

945. J'ai acheté pour 3060 fr. de marchandises : combien dois-je payer sachant qu'on m'accorde 6 pour 100 d'escompte (2).

946. Quel est l'escompte de 1840 fr. 50, à 4 et demi pour cent ?

947. Quelle est la valeur actuelle d'un billet payable dans 10 mois et escompté à 7 p. 0/0 par an ?

948. J'ai acheté 50 mèt. d'étoffe à 8 fr. 50 c. le mèt. ; on me fait une remise de 5 p. 100, combien dois-je payer ?

949. Quel est l'escompte pendant 8 mois, de 4000 fr. à 5 p. 0/0 par an ?

950. J'ai payé 600 fr. pour une somme que je devais : quelle était cette somme sachant que j'ai obtenu 5 et demi p. 0/0 d'escompte ?

951. Un billet de 4000 fr. payable dans un an, et escompté à 6 p. 100, a été payé 3760 fr. : quel était le taux de l'escompte ?

952. On a payé 890 fr. 80 mèt. de drap : à combien me

(1) C'est-à-dire que pour 98 fr. de capital on a 4 fr. et demi de rente par an.

(2) Nous ne voulons parler ici que de l'escompte usité en France, appelé escompte en dehors.

revenait le mètre sachant que j'ai obtenu 6 p. 0/0 d'escompte ?

953. Un billet payable dans 15 mois, a été payé 900 fr. : quel était le montant du billet, sachant qu'il a été escompté à 6 p. 100 par an.

954. Sur 580 fr. je n'ai payé que 545 fr. 20 : de combien pour 100 était l'escompte ?

Sur la règle de répartition proportionnelle simple.

955. Partagez 360 fr. en parties proportionnelles aux nombres 2, 3, 4 et 6.

956. Deux hommes veulent se partager 144 fr. de manière que quand le premier aura 5 fr., le second n'en aura que 3 ; quelle sera la part de chacun ?

957. Partagez 400 fr. en parties proportionnelles aux nombres 3,050 et 2/3.

958. Partagez 600 fr. en parties proportionnelles aux nombres 2, 5, 3/7 et 4. 1/3.

959. Partagez 1690 fr. 50 c. en deux parties, de manière que l'une soit à l'autre comme 4 : 5.

960. On veut partager 36 fr. en parties proportionnelles aux fractions 1/2, 2/3 et 3/4.

961. Deux ouvriers allant à la rencontre l'un de l'autre, sont séparés par une distance de 180 lieues : combien auront-ils fait de lieues chacun à leur rencontre, sachant que le premier fait 3 lieues à l'heure et le second 2 ?

962. 3 marchands s'étant associés, ont gagné 4200 fr. ; le premier avait mis en société 12000 fr., le second, 10000 et le troisième 8000 : on demande quel doit être le profit de chacun ?

963. Les mises de trois associés sont de 4000 fr., 3600 fr. et 5900 fr.; le gain total est de 720 fr. ; trouver la part de chaque associé.

964. 3 particuliers s'étant associés ont perdu 3600 fr.; la mise du premier se montait à 15000 fr., celle du second, à 6000 fr. et celle du troisième, à 1200 fr. : combien chacun doit-il supporter de cette perte ?

965. Trois négociants ont fait un fonds de 13600 fr. qui leur a rapporté 900 fr. : le premier a eu 400 fr., le second 200 et le troisième 300 : quelle était la mise de chacun (1) ?

(1) Pour résoudre ce problème, partagez la somme des mises en parties proportionnelles aux gains.

966. On a donné 1000 fr. à 3 ouvriers ; le premier avait travaillé 100 jours, le second 95 et le troisième 90 : combien chaque ouvrier gagnait-il par jour ?

Sur la règle de répartition proportionnelle composée.

967. Deux ouvriers veulent se partager une somme de 600 fr. qu'ils ont gagnée en travaillant au même ouvrage : le premier y a travaillé 40 jours et 10 heures par jour, et le second, 30 jours et 8 heures par jours : quelle sera la part de chacun ?

968. Deux entrepreneurs ont entrepris la bâtisse d'une maison : le premier y a employé 60 ouvriers pendant 80 jours et le second 40 ouvriers pendant 90 jours : combien chacun doit-il avoir, sachant qu'on destine à cet ouvrage la somme de 25200 fr.

969. Trois marchands ont gagné 1200 fr. avec l'argent qu'ils avaient mis en société ; le premier avait mis 15000 fr. pour 1 an, le second 13000 pour 2 ans, et le troisième 9000 fr. pour 3 ans : combien chacun doit-il avoir du gain ?

970. Deux négociants ont contribué inégalement pour faire un fonds ; le premier a mis 6000 fr. pour 8 mois et le second 9000 fr. pour 15 mois : combien chacun doit-il avoir du gain, se montant à 360 fr.

971. Trois marchands s'étant associés, ont mis dans le commerce, le 1er 1500 fr. pour 2 ans et demi, le 2me 1800 fr. pour 8 mois, et le 3me 2400 fr. pour 6 mois : ils ont perdu 600 fr. : combien chacun doit-il supporter de cette perte ?

Sur la règle de mélange.

972. Un cabaretier a deux pièces de vin, l'une de 25 centimes le litre, et l'autre de 35 centimes : s'il les mêle quel sera le prix du mélange ?

973. Un aubergiste a 80 litres de vin à 0 fr. 20 cent., 200 lit. à 30 cent., et 100 lit. à 40 cent.; il veut les mêler et savoir combien il doit vendre le litre du mélange pour gagner 50 fr. sur le tout.

974. Un marchand de blé en a 100 doubles-décalitres à 3 fr., 112 à 3 fr. 50 c., et 200 à 4 fr : s'il les mêle à combien pourra-t-il céder le double-décalitre du mélange ?

975. On a mêlé 60 doubles-décalitres de blé à 3 fr. 75 c.

avec 60 doubles-décalitres à 4 fr. 50 c. : combien doit-on vendre l'hectolitre du mélange ?

976. On a mélangé 93 doubles-décalitres de blé à 2 fr. 95 c. avec 56 doubles-décalitres à 3 fr. 25 c. : quel est le prix du décalitre du mélange ?

977. On a mélangé 6 lit. de vin à 0 fr. 50, 9 lit. à 0 fr. 55 et 2 litres d'eau. Quel est le prix du litre du mélange ?

Exercices sur les mesures des surfaces.

978. Trouver la superficie d'un carré de 1 décimèt. de côté.

979. Quelle est la surface d'un carré qui a 0 mèt. 85 de côté ?

980. Quelle est la surface d'un rectangle qui a 25 mèt. de long sur 8 mèt. 50 de large ?

981. On demande quelle est la superficie d'un losange qui a 50 mèt. de base sur 28 mèt. 25 de hauteur ?

982. Quelle est la surface d'un parallélogramme qui a 69 mèt. de base et 56 de hauteur ?

983. Quelle est la superficie d'un triangle qui a 20 mèt. 35 de base et 29 mèt. 40 de hauteur ?

984. Quelle est la circonférence d'un cercle qui a 8 mèt. de rayon ?

985. Quelle est la circonférence d'un cercle qui a 3 mèt. 20 de diamèt. ?

986. Quel est le rayon d'un cercle qui a 16 mèt. 852 de circonférence ?

987. Quelle est la superficie d'un cercle qui a 40 mèt. de rayon ?

988. Quelle est la superficie d'un cercle qui a 37 mèt. 704 de circonférence ?

989. On demande quelle est la base d'un parallélogramme qui a 50 mèt. de superficie et 20 mèt. de hauteur.

990. Quelle est la hauteur d'un triangle qui a 80 mèt. de superficie et 50 mèt. de base ?

991. Un terrain ayant la forme d'un polygone irrégulier est divisé en deux triangles qui ont chacun 50 mèt. de base, et dont les hauteurs sont 30 mèt. 4 et 26 mèt. 89 : quelle est la superficie totale de ce terrain ?

992. Quelle est la surface totale d'un cube qui a 6 mèt. 25 cent. de côté ?

993. Quelle est la superficie totale d'une règle carrée qui a 0 mèt. 3 de long et dont le carré qui termine chacun des bouts a 1 centimètre de côté ?

994. Quelle est la surface latérale d'un prisme dont le contour de la base a 2 mèt. 28, et la hauteur 3 mèt. 4 ?

995. Quelle est la surface totale d'un cylindre qui a 3 mèt. de hauteur, et dont la circonférence de chaque base a 2 mèt. 3565 ?

996. Quelle est la surface latérale d'une pyramide dont le contour de la base est de 12 mèt. et la hauteur d'un des triangles qui composent cette surface est de 8 mèt. 46 ?

997. Quelle est la surface latérale d'un cône dont la circonférence de la base a 6 mèt. et la distance du sommet à cette circonférence, 3 mèt. 8 ?

998. Quelle est la surface latérale d'un cône tronqué dont la circonférence de la base supérieure a 3 mèt. 5, celle de la base inférieure 16 mèt. et la longueur de son côté 5 mèt. ?

999. Quelle est la surface d'une sphère qui a 0 mèt. 30 de rayon ?

1000. Quelle est la surface d'une sphère qui a 12 mèt. 426 de circonférence ?

Exercices sur les mesures des volumes ou solidités des corps.

1001. Quelle est la solidité d'un cube qui a 1 mèt. 5 de côté ?

1002. Quelle est le volume ou solidité d'un parallélipipède qui a 6 mèt. de long, 1 mèt. 05 de large, et 0 mèt. 8 d'épaisseur ?

1003. Quelle est la solidité d'un prisme dont la base a 0,69 décimèt. carrés et la hauteur, 4 mèt. ?

1004. Quelle est la solidité d'un cylindre dont la surface de la base est de 5 mèt. car. 28, et la hauteur, de 8 mèt. ?

1005. Quelle est le volume d'une pyramide dont la base a 13 mèt. carrés et la hauteur, 6 mèt. ?

1006. Quelle est la solidité d'un cône qui a 3 mèt. de hauteur, et la circonférence de sa base 6 mèt. 284 ?

1007. Quel est le volume d'une sphère qui a 1 mèt. de diamètre ?

1008. Quelle est la hauteur d'une pyramide qui a 20 mèt. cubes de solidité, et dont la surface de la base est de 8 mèt. carrés ?

1009. Quelle est la hauteur d'un mur qui a 80 mèt. cubes de solidité et dont la base a 100 mèt. de long sur 0 mèt. 40 de large ?

Problèmes divers de récapitulation générale.

1010. Quel est le nombre duquel ayant ôté 6. 7/9, il reste 0,46?

1011. Additionnez 4 doubles-décalitres avec 8 demi-litres.

1012. Additionnez 13 hectares 25 ares 6 centiares avec 9 hectomètres carrés 6 décamètres carrés.

1013. Additionnez 20 mèt. cubes avec 4 demi-décastères.

1014. Additionnez 48 décimèt. cubes avec 6 décistères.

1015. Ajoutez ensemble 0,45 avec 28/45.

1016. Faites le total de 4. 3/8 avec 5,008.

1017. Faites la somme de 4 jours 10 heures avec 2 jours 48 minutes (1).

1018. La somme de deux nombres est 2/3, l'un de ces nombres est 0,28 cent. : quel est l'autre?

1019. La somme de 3 nombres est 1, le 1er de ces nombres est 3/10 et le 2me 2/8 : quel est le 3me?

1020. Combien faut-il ajouter à 8/9 pour avoir 1?

1021. Combien faut-il ajouter à 9/19 par avoir 1. 2/3?

1022. Soustrayez 9 4 doubles-grammes de 1 demi-kilogr.?

1023. Otez 34 décamèt. carrés de la moitié d'un hectare.

1024. Otez les 2/3 d'un dixième de 1.

1025. Otez les 3/4 des deux centièmes de 4/8 d'une unité.

1026. Otez les 2/8 d'un centième du sixième d'un dixième.

1027. Soustrayez 448 minutes d'un jour.

1028. Soustrayez 1 jour 6 heures 8 minutes de 3 jours.

1029. Multipliez 2 jours 4 heures 30 minutes par 15.

1030. Divisez 8 jours 6 heures 20 minutes par 4,6.

1031. Un ouvrier gagne 4 fr. par jour : combien gagnera-t-il en 5 heures, sachant qu'il doit travailler 12 heures par jour?

1032. Un ouvrier gagne 3 fr. 50 par jour : combien gagne-t-il par an, par mois et par semaine.

1033. Un ouvrier gagne 2 fr. 50 par jour et sa femme 1 fr. 50 : combien gagnent-ils ensemble par semaine?

(1) Pour faire plus facilement cette opération, réduisez tout en minutes, et le total exprimera des minutes qu'on pourra ensuite, si l'on veut, réduire en jour.

1034. Combien coûteront 25 plumes à 2 fr. le 100 ?

1035. Combien coûteront les 3/4 d'un kilogr. à 0 fr. 50 c. l'hectogr. ?

1036. Quel est le prix de 4 doubles-décalitres à 0 fr. 20 c. le litre ?

1037. Quel est le prix de 8 litres à 6 fr. le double-décalitre ?

1038. Combien coûteront 5 demi-litres à 0 fr. 05 c. le double-décilitre ?

1039. A 20 fr. l'are, combien coûteront les 2/3 d'un hectare ?

1040. A 0,50 le mètre car., combien coûteront 6/10 d'un are ?

1041. A 0 fr. 80 c. le kilogr., combien coûteront les 3/8 d'un hectogr.

1042. 0 mèt. 60 coûtent 3 fr. : quel est le prix du mèt. ?

1043. Les 3/8 d'un mètre coûtent 6 fr. 50 c. : quel est le prix du mètre ?

1044. 9 centimèt. coûtent 12 fr. : quel est le prix du décamètre ?

1045. A 5 fr. le kilog., combien aura-t-on de centièmes de kilogr. pour 0 fr. 85.

1046. J'ai bu 23 décagrammes d'eau : combien en ai-je bu de centilitres ?

1047. Combien coûteront les 5/6 d'un hectogr. à 2 fr. les 2/3 d'un kilogr. ?

1048. Les 3/5 d'un mèt. coûtent 6 fr. : combien coûteront les 5/8 de 4 décimètres ?

1049. Combien les 3/4 d'un dixième de mètre carré valent-ils de décimètres car. ?

1050. Combien les 3/4 d'un dixième de mèt. cube, valent-ils de décimètres cubes.

1051. Le 3/7 d'un stère de bois coûtent 5 fr. : quel est le prix du demi-décastère ?

1052. Les 3/4 d'un ouvrage coûtent 26 fr. : combien coûte le reste ?

1053. Les 3/5 d'un ouvrage coûtent 6 fr. : combien coûteront les 0,60 ?

1054. La moitié des 3/4 d'un ouvrage a coûté 9 fr. : combien coûterait l'ouvrage entier ?

1055. Par quel nombre faut-il multiplier 0,50 pour avoir 2/3 ?

1056. Par quel nombre faut-il diviser 2. 3/5 pour avoir 0,60 ?

1057. Trouver le dividende d'une division dont le diviseur est 0,40, le quotient 3/4, et le reste de la division 1/2?

1058. Réduisez les deux tiers de 4/5 en millièmes.

2059. Réduisez 5/6 en 42mes (1).

1060. Réduisez 54/324 en douxièmes.

1061. Réduisez 0,75 en huitièmes.

1062. Réduisez 2,18 en 25mes.

1063. Réduisez 0,75 à sa plus simple expression.

1064. Réduisez 2/3 et 0,35 au même dénominateur.

1065. Je vends 6000 fr. une marchandise sur laquelle j'ai gagné 20 pour cent: combien m'avait-elle coûté?

1066. J'ai acheté une maison que j'ai vendue 30000 fr.; à ce marché j'ai perdu 8 p. 100 : combien cette maison m'avait-elle coûté?

1067. En revendant 50 kilogr. de café au prix de 1 fr. 50 c. le kilogr. on perd 15 fr. 60 c. sur le tout : combien avait-on payé le kilogr.?

1068. Un marchand a acheté 100 bouteilles à 2 fr. 10 la douzaine; il s'en est cassé 10 : combien doit-il vendre les autres pour gagner 10 fr. sur le tout?

1069. Un marchand a acheté du vin à 0 fr. 40 c. la bouteille; il a revendu les bouteilles 0 fr. 20, de sorte qu'il n'a dépensé que 80 fr. : combien a-t-il acheté de bouteilles?

1070. La différence entre le tiers et le 1/5 d'un nombre est 4 : quel est ce nombre?

1071. J'ai payé 50 mèt. d'étoffe la somme de 650 fr. : combien dois-je vendre le mètre pour gagner 15 pour 100?

1072. Quel est le prix de 4 douzaines de canifs à 13 fr. la demi-douzaine?

1073. Réduisez 3/5 de mèt. carré en quart de centimèt. carré.

1074. Combien y a-t-il de tiers de décimètre cube dans les 2/6 d'un mètre cube?

1075. Combien y a-t-il de 9mes de kilogrammes dans 96 décagrammes?

1076. Un ouvrier fait un ouvrage en 4 jours; combien en fera-t-il en 5/6 de jour?

1077. Un ouvrier fait un ouvrage en 5 jours : combien faudra-t-il d'ouvriers pour finir l'ouvrage en 3/4 de jour?

1078. Quel est l'intérêt de 0,05 après 1000 ans, à 5 p. 0/0?

(1) Pour réduire une fraction en 42mes il faut multiplier son numérateur par 42 et diviser le produit par le dénominateur; pour la réduire en 12mes, il faut multiplier son numérateur par 12 et diviser par son dénominateur, etc.

1079. Quel est l'intérêt de 50000 fr. pendant les 3/5 d'un mois, à 6 p. 100 ?

1080. Combien faudrait-il de temps à 0 fr. 15 pour rapporter 15 fr. à 5 p. 100 ?

1081. Combien faudrait-il de temps à 3/4 de franc pour rapporter 2/3 de franc à 5 p. 100 ?

1082. Quel capital faudrait-il placer à 4 et demi p. 100, pour avoir 3/7 de franc à dépenser par heure ?

1083. Partagez 64 fr. en parties proportionnelles aux nombres 2. 3/4, 0,70 et 2/3.

1084. Quelle est la superficie d'un carré qui a 0 mèt. 45 de côté ?

1085. Quelle est en ares la surface d'un carré qui a 129 mèt. 5 de côté ?

1086. On demande la surface d'un rectangle qui a 2 mèt. de long et 0 mèt. 9 de large.

1087. Quelle est la surface des 4 murs d'une chambre rectangulaire qui a 10 mèt. de long, 7 de large et 3 mèt. 2 de hauteur ?

1088. Quelle est la surface d'un losange qui a 0 mèt. 12 de base et 0 mèt. 09 de hauteur ?

1089. Quelle est la superficie d'un parallélogramme qui a 30 mèt. 2 de base et 25 mèt. de hauteur ?

1090. Quelle est la surface d'un triangle qui a 39 mèt. 50 de base et 28 mèt. 4 de hauteur ?

1091. On voudrait connaître la surface d'un cercle qui a 0 mèt. 4 de rayon.

1092. Quelle est la surface d'un cercle qui a 50 mèt. 556 de circonférence ?

1093. Un parallélogramme a 88 mèt. de superficie et 20 mèt. de base : quelle est sa hauteur ?

1094. Un triangle a 60 mèt. carrés et 15 mèt. de hauteur: quelle est sa base ?

1095. Quelle est la surface totale d'un cube qui a 3 mèt. 4 de côté ?

1096. Quelle est la surface totale d'un parallélipipède qui a 3 mèt. de long, 0 mèt. 5 de large et autant d'épaisseur ?

1097. Quelle est la surface courbe d'un cylindre qui a 3 mèt. 50 de circonférence et 4 mèt. 1 de hauteur ?

1098. Quelle est la surface d'un cône qui a 3 mèt. de circonférence à sa base et 3 mèt. de hauteur oblique ?

1099. Quelle est la surface d'une sphère qui a 0 mèt. 50 de diamètre ?

1100. Quel est le volume d'un cube de 3 mèt. 5 de côté ?

1101. Quel est le volume d'un mur qui a 30 mèt. de long, 4 de haut et 0 mèt. 60 d'épaisseur ?

1102. Combien un puits qui a 3 mèt. 142 de circonférence et 12 mèt. de hauteur, contiendrait-il de litres d'eau ?

1103. Quel est le volume d'un crayon qui a 0 mèt. 12 de long et 0 mèt. 0,12 millimèt. de circonférence ?

1104. Quelle est la hauteur d'un parallélipipède qui a 4 mèt. de solidité et 0 mèt. 60 de long sur 0 mèt. 50 de large ?

1105. Quelle est la solidité d'un cône qui a 6 mèt. 284 de circonférence et 4 mèt. de hauteur ?

1106. Quelle est la solidité d'une sphère qui a 18 mèt. 852 de circonférence ?

1107. Quelle est le volume d'une planche qui a 3 mèt. de long, 0 mèt. 5 de large et 0 mèt. 04 d'épaisseur ?

1108. Quelle est la hauteur d'une pyramide qui a 6 mèt. de solidité et dont la base a 6 mèt. carrés ?

1109. J'ai perdu au jeu les 2/9 de mon argent ; j'en ai dépensé la moitié, et il me reste encore 20 fr. : combien avais-je (1) ?

1110. Si l'on me donnait 500 fr. je pourrais payer 900 fr. que je dois, et il me resterait encore 36 fr. : combien ai-je ?

1111. Si j'avais vendu 30 fr. de plus une marchandise qui me coûtait 400 fr., j'aurais gagné 50 fr. : combien l'ai-je vendue ?

1112. Combien doit-on à 46 ouvriers pour 14 jours de travail à 3 fr. 50 c. par jour chacun ?

1113. Une pièce de vin contenant 300 litres coûte 90 fr., une autre de 195 litres coûte 58 fr. : quelle est la meilleur marché ?

1114. Un homme gagne 3 fr. par jour, sa femme 1 fr. 50 et ses deux enfants chacun 2 fr. 30 : combien économiseront-ils par semaine s'ils dépensent ensemble 4 fr. 75 c. par jour ?

1115. On a acheté 150 kilog. de coton à 3 fr. le kilogr. : combien pour la même somme eût-on acheté de kilogr. de laine à 4 fr. le kilogr.

1116. Un ouvrier fait un ouvrage en 20 jours, un autre le fait en 15 jours ; s'ils travaillent ensemble, combien mettront-ils de jours pour faire le même ouvrage (2) ?

(1) Pour résoudre ce problème, additionnez 2/9 avec 1/2 ; soustrayez cette somme de l'unité, et la fraction qui restera vaudra 20 fr. En divisant 20 fr. par cette fraction, on aura donc la réponse.

(2) Pour résoudre ces sortes de problèmes divisez l'ouvrage qui est ici représenté par 1 par la somme de ce que chacun fait par jour.

1117. Une femme fait 5 bas par semaine et elle les vend 3 fr. la paire ; la laine coûte 3 fr. le kilogr. et 12 paires de bas pèsent 2 kilog. : combien gagne-t-elle par paire de bas et par jour ?

1118. La moitié d'une somme surpasse le tiers de cette même somme de 17 : quelle est cette somme ?

1119. Louis prête à André la somme de 600. fr. pour 8 mois : combien André doit-il prêter à Louis pendant 14 mois pour compenser l'intérêt ?

1120. Quel est le nombre dont le 1/3 plus le 1/5 font 48 ?

1121. Une pièce de toile coûte 1 fr. 95 c. le mètre ; on l'a revendue 2 fr. 25. le mètre et l'on a gagné 35 fr. sur le tout : quelle était la longueur de la pièce ?

1122. Avec 400 mèt. de toile à 2 fr. 75 c. le mètre, on a acheté 80 mèt. de drap : quel est le prix du mètre ?

1123. Quel est le nombre qui, augmenté de ses 3/5 fait 56 ?

1124. Quel est le nombre qui, diminué de ses 3/5 fait 50 ?

1125. Quel est le nombre dont les 3/8 font 27 ?

1126. Les 2/3 plus les 3/4 d'un nombre font 104 : quel est ce nombre ?

1127. Si à un nombre on ajoute la moitié, le 1/3 et les 2/5 de ce nombre on aura 201 : quel est ce nombre ?

1128. Je devais 620 fr., j'ai payé les 3/4 de ce que je devais combien dois-je encore ?

1129. Un cabaretier a du vin à 0 fr. 75 c. le litre : combien doit-il mettre d'eau dans un hectolitre pour gagner 0 fr. 25 c. par litre ?

1130. 28 mouchoirs ont coûté 15,60, et 18 autres ont coûté 13 fr. : quel est le prix moyen d'un mouchoir ?

1131. J'ai 36 fr. 50 c. et vous 28 fr. 30 c. : combien dois-je vous remettre pour que nous ayons autant l'un que l'autre ?

1132. J'ai acheté 72 fagots à 6 fr. la douzaine et le 1/13 en sus : combien dois-je vendre le fagot pour gagner 10 fr. sur le tout ?

1133. Un négociant a acheté pour 5000 fr. de marchandise payable dans 8 mois ; il la revend le même jour et au même prix payable dans 5 mois : quel est son bénéfice en comptant l'intérêt à 6 p. 0/0 ?

1134. Le savon vaut 0 fr. 80 c. le kilog., et le café 2 fr. ; on veut acheter autant de kilog. d'une marchandise que de l'autre, et l'on veut dépenser 700 fr. : combien en aura-t-on de chaque espèce (1) ?

(1) Pour résoudre ces sortes de problèmes, divisez le prix de toutes les unités par la somme des prix de chaque unité.

1135. Une compagnie d'ouvriers fait un ouvrage en 18 jours, et une autre le fait en 12 jours : combien les deux compagnies réunies mettraient-elles de jours pour faire les 3/4 du même ouvrage ?

1136. Un ouvrier gagne 3 fr. par jour, et il économise le 1/5 de ce qu'il gagne : combien dépense-t-il par jour, sachant qu'il ne travaille pas le dimanche ?

1137. Combien doit-on payer pour 84 journées dont le 1/4 à 3 f. 50 c. et le reste à 2 fr. 30 c.

1138. Combien 126 mèt. à 14 fr. 50 c. valent-ils de mèt. à 8 fr. 25 c. ?

1139. Un tisserand fait 6 mèt. de toile par jour, et sa femme 4 : combien mettront-ils de jour pour en faire 560 mèt. ?

1140. Combien y a-t-il de millimètres dans les 2/3 des 2/5 de 27 mèt. ?

1141. Le 1/3 d'un nombre surpasse le 1/5 de ce même nombre de 87 : quel est-ce nombre ?

1142. Une marchandise qui ne coûtait que 8 fr. a été vendue 9 fr. 60 c. : combien a-t-on gagné pour 100 ?

1143. Un libraire achète des livres à 15 f. la douzaine, on lui fait une remise de 20 p. 100 et on lui donne encore le 1/13. Il vend chaque exemplaire 1 fr. 75 c. : quel sera son bénéfice sur chaque livre ?

1144. 18 ouvriers font la moitié d'un ouvrage en 15 jours ; au bout de 5 jours 8 d'entre eux tombent malades : combien les autres mettront-ils de jours pour finir l'ouvrage ?

1145. Un ouvrier a reçu 100 fr. pour 28 jours de travail à 12 heures par jour : combien devrait-il recevoir s'il n'avait travaillé que dix heures par jour ?

1146. Un tisserand met 2 heures pour faire 3 mèt. de toile : combien lui faudra-t-il de jours en travaillant 12 heures par jour pour faire 240 mèt. ?

1147. 56 mèt. d'étoffe coûtent 690 fr. : combien coûteraient 50 mèt. de la même étoffe si la largeur était 1/3 plus grande ?

1148. 5 ouvriers font un ouvrage en 6 jours, et 4 autres font le même ouvrage en 8 jours : combien 4 des premiers et 3 des seconds travaillant ensemble, mettraient-ils de jours pour faire le même ouvrage ?

1149. Si mon argent augmentait de son quart, j'aurais 350 fr. : combien ai-je ?

1150. J'ai acheté 134 objets pour 80 fr.; si chaque objet diminuait de son tiers, combien en aurais-je pour la même somme ?

1151. Combien faut-il d'heures pour faire 8 mèt. 4/5, sachant qu'il faut 3/4 d'heure pour en faire 2/3 de mèt. ?

1152. Le 1/3 des soldats d'une armée a été tué dans une bataille ; la moitié du reste s'est dispersé, et il reste encore 10000 hommes : de combien d'hommes était cette armée ?

1153. Je n'ai que les 3/5 de ce que vous avez ; mais si l'on me donnait 28 fr., j'aurais autant que vous : combien ai-je ?

1154. Combien y a-t-il de minutes dans 7/8 d'heure ?

1155. Un robinet remplit un bassin en 2 heures ; un autre le remplit en 3 heures : combien faudra-t-il d'heures, les deux robinets coulant ensemble, pour remplir le bassin (1) ?

1156. Un courrier fait 17 kilomèt. 2/3 en 2 h. 1/2 : combien lui faut-il de temps pour faire un kilomètre ?

1157. Un robinet remplit un bassin en 3/4 d'heure ; une ouverture le vide en 2 h. et demie ; l'eau coulant par les deux ouvertures à la fois, combien faudra-t-il d'heures pour le remplir ?

1158. Un ouvrier met 3 heures pour faire un ouvrage ; un 2me met 4 heures, et un 3me 5 heures : combien mettront-ils d'heures pour faire cet ouvrage s'ils travaillent ensemble ?

1159. Un homme dépense en 7 jours ce qu'il gagne en 4 : combien lui faudra-t-il de jours pour économiser 300 fr., sachant qu'il gagne 2 fr. par jour.

1160. Un entrepreneur donne 3 fr. par jour à chaque ouvrier qu'il fait travailler ; s'il avait les 2/3 de plus d'ouvriers, il dépenserait 1500 fr. par jour : combien a-t-il d'ouvriers ?

1161. Quel est le nombre dont le produit par 3/5 étant divisé par 3/8 donne 6 ?

1162. Combien faut-il de litres de vin à 0 f. 35 le litre pour avoir 96 hectolitres à 48 fr. l'hectolitre ?

1163. Un cabaretier a 90 lit. de vin a 0 fr. 60 c. le litre : combien faut-il qu'il y ajoute d'eau pour pouvoir vendre le mélange 0,40 c. le litre ?

1164. 1000 soldats ont pour un an de vivres ; il leur survient un renfort de 400 hommes : combien de jours dureront les vivres ?

1165. Avec une certaine quantité d'étoffe, on peut faire 100 pantalons : combien en ferait-on si l'on diminuait chaque pantalon de 1/4 ?

1166. Partagez 100 fr. en deux parties, de manière que la seconde partie ne soit que les 3/5 de la première.

(1) Pour résoudre ce problème, divisez la contenance du bassin représentée par 1, par la somme de ce qui entre dans le bassin dans une heure.

1167. Quel est le nombre qui surpasse ses 3/8 de 50

1168. Je perds les 3/6 de mon argent et il me reste encore 1/4 plus 7 fr. : combien avais-je ?

1169. Un père à 30 ans et son fils 3 : dans combien d'années l'âge du fils sera-t-il la 1/2, de l'âge du père (1) ?

1170. Un bassin contient 500 litres ; un robinet y verse 4 lit. 2/3 par minute ; une ouverture placée au fond en vide 5 lit. 2/6 toutes les 3 minutes ; en combien d'heures le bassin, supposé vide, sera-t-il plein ?

1171. Une somme augmentée de ses trois cinquièmes vaut 1600 fr. : quelle est-elle ?

1172. Une somme augmente chaque année de sa moitié, et au bout de trois ans, elle s'élève à 800 fr. : quelle était cette somme ?

1173. Un ouvrier fait 11 mètres d'ouvrage en 8 heures, et un autre en fait 7 en 5 heures : quel est celui des deux qui travaille le plus ?

1174. L'or à volume égal, pèse 19 fois plus que l'eau et l'eau 770 fois plus que l'air : combien l'or pèse-t-il de fois plus que l'air ?

1175. Il a fallu 60 mèt. de drap ayant 1 mèt. 30 de large pour faire 18 habits : combien faudrait-il de drap ayant 8/9 de mètre de large pour faire 100 des mêmes habits ?

1176. Combien faudra-t-il de toile pour doubler un tapis qui a 6 mèt. 85 de long sur 5 mèt. de large, si la toile n'a que 75 centimètres de large ?

1177. Une chambre a 9 mèt. 4 de long sur 6 de large : combien faut-il de carreaux pour la carreler, si les carreaux ont chacun 0 mèt. 16 de long sur autant de large ?

1178. Un cercle à 6 mèt. de rayon et un autre 3 mèt. : combien le premier vaut-il de fois le second ?

1179. Un jardin de forme rectangulaire a 65 ares de superficie et 105 mèt. de long : quelle est sa largeur ?

1180. Quelle est la base d'un triangle dont la surface est égale a celle d'un carré qui a 5 mèt. 6 de côté, sachant que la hauteur du triangle proposé égale 8 mèt. ?

1181. Quelle est la longueur du rayon de la terre, sachant que sa circonférence a 4000 myriamètres ?

1182. Combien de kilogrammes pèse la terre sachant que sa pesanteur spécifique est 5 fois celle de l'eau ?

(1) Pour résoudre facilement ces sortes de problèmes, multipliez l'âge du père par le numérateur de la fraction, et l'âge du fils par le dénominateur ; soustrayez ce dernier produit du premier, et divisez la différence par la différence des deux termes de la fraction qui se trouve dans le problème.

1183. 3 ouvriers travaillant 2 jours ont fauché un champ qui a 40 décamèt. de long sur 20 de large ; combien auraient-ils mis de jours si le champ avait eu 10 mèt. de plus de large ?

1184. Combien faut-il de pavés pour paver une cour qui a 25 mèt. de long sur 20 de large, si chaque pavé parfaitement carré a 1 décimèt. de côté ?

1185. Les 4 murs d'une salle rectangulaire qui a 8 mèt. de long, 6 de large et 3 de hauteur, ont été badigeonnés pour 30 fr. : à combien revient le mèt. carré ?

1186. Combien faut-il d'ardoises ayant 0 mèt. 19 de long sur 0 mèt. 12 de large, pour couvrir un toit qui a 900 mèt. carrés, sachant qu'un tiers de chaque ardoise est perdu par le recouvrement ?

1187. Combien faut-il de planches pour planchéier une chambre qui a 12 mèt. de long sur 7 mèt. 80 de large, sachant que les planches ont chacune 5 mèt. 9 de long sur 0,30 centimèt. de large ?

1188. Un fossé a 2 mèt. 3 de profondeur et 50 mèt. de long : combien contiendrait-il de litres d'eau, sachant que sa largeur supérieure a 4 mèt. et l'inférieure 3 ?

1189. Une citerne dont la base parfaitement carrée a 3 mèt. de côté, renferme 720 hectolitres : à quelle hauteur s'élève-t-elle ?

1190. Un tonneau a 1 mèt. 60 de long et les diamètres intérieurs du bouge et celui de l'un des fonds, ont, le 1er 75 centimètres et le 2me 66 centimèt. : quelle est en litres la capacité de ce tonneau ?

1191. Combien faut-il de briques d'un décimèt. cube de solidité pour construire un mur qui a 60 mèt. de long, 4 de haut et 0 mèt. 60 d'épaisseur ?

1192. La somme de deux nombres est 136 et le quotient du plus grand par le plus petit est 7 : quels sont ces deux nombres (1) ?

1193. La différence de deux nombres est 156 et le quotient du plus grand par le plus petit est 5 : quels sont ces deux nombres (2) ?

1194. 30 ouvriers travaillant pendant 13 jours, ont construit un mur qui a 150 mèt. de long, 3 de haut et 0 mèt. 50

(1) Puisque le plus grand des deux nombres contient 7 fois le plus petit, la somme 136 contient donc 8 fois le plus petit nombre.

(2) Puisque le plus grand de ces deux nombres contient 5 fois le plus petit, et que ce plus petit nombre a été soustrait une fois du plus grand, donc la différence 156 contient encore 4 fois le plus petit de ces 2 nombres.

d'épaisseur : combien faudrait-il d'ouvriers travaillant pendant 40 jours pour construire un autre mur qui aurait 200 mèt de long, 4 de haut et 0 mèt. 60 d'épaisseur ?

1195. Quel est le volume d'un mur qui a 30 mèt. de long, 4 de haut et dont la base inférieure a 2 mèt. de large et la base supérieure 0 mèt. 70 cent. ?

1196. Un homme fait un ouvrage en 1/2 heure et sa femme en 1/3 d'heure : combien mettraient-ils de minutes pour faire le même ouvrage, s'ils travaillaient tous les deux ensemble ?

1197. Un ouvrier emploie les 3/4 d'un jour pour faire les 2/5 d'un ouvrage : combien mettra-t-il de temps à le faire ?

1198. La somme de deux nombres est 83 ; leur différence est 10 : quels sont ces deux nombres (1) ?

1199. Un courrier part de Lyon pour se rendre à Paris et fait 2 lieues par heure ; 4 heures après, part à sa suite un autre courrier qui fait 5 lieues en deux heures ; combien mettra-t-il de temps pour atteindre le 1er, et à quelle distance seront-ils de Lyon (2) ?

1200. Un instituteur voulant distribuer un certain nombre de bons points à ses élèves, leur dit : si je vous en donne à chacun 7, il m'en restera 6 ; et si je vous en donne à chacun 9, il m'en manquera 18 : devinez combien je veux récompenser d'élèves, et combien je veux distribuer de bons points (3).

(1) La résolution de ce problème est fondée sur ce principe d'arithmétique : si à la somme de deux nombres inégaux on ajoute leur différence, on aura le double du plus grand nombre, et si on la retranche on aura le double du plus petit.

(2) Pour trouver le temps cherché, divisez l'espace que parcourra le 1er courrier en 4 heures, par la différence de l'espace que chaque courrier parcourt en une heure.

(3) Pour résoudre ces sortes de problèmes, ajoutez ce qui reste d'une part avec ce qui manque de l'autre, puis divisez cette somme par la différence de ce que prennent les partageants, et vous aurez le nombre des partageants.

FIN.

www.ingramcontent.com/pod-product-compliance
Ingram Content Group UK Ltd.
Pitfield, Milton Keynes, MK11 3LW, UK
UKHW021139230726
13926UKWH00002B/875

9 782013 621007